U0520618

早点知道
会幸福的那些事

百岁奶奶的人生建议

[美] 格莱迪斯·麦克格雷 / 著

闵梦婷 / 译

中信出版集团|北京

图书在版编目（CIP）数据

早点知道会幸福的那些事：百岁奶奶的人生建议 /（美）格莱迪斯·麦克格雷著；闵梦婷译. -- 北京：中信出版社，2024.9. -- ISBN 978-7-5217-6815-2（2025.2重印）
Ⅰ．B84-49
中国国家版本馆CIP数据核字第20241RN317号

THE WELL-LIVED LIFE: A CENTENARIAN DOCTOR'S SIX SECRETS TO HEALTH AND HAPPINESS AT ANY AGE by DR. GLADYS MCGAREY, M.D., M.D.(H)
Copyright © 2023 by Gladys McGarey
This edition arranged with The Marsh Agency Ltd. & IDEA ARCHITECTS
through BIG APPLE AGENCY, LABUAN, MALAYSIA.
Simplified Chinese translation copyright © 2024 by CITIC Press Corporation
ALL RIGHTS RESERVED
本书仅限中国大陆地区发行销售

早点知道会幸福的那些事——百岁奶奶的人生建议
著者：［美］格莱迪斯·麦克格雷
译者：闵梦婷
出版发行：中信出版集团股份有限公司
（北京市朝阳区东三环北路27号嘉铭中心　邮编 100020）
承印者：北京通州皇家印刷厂

开本：880mm×1230mm　1/32　印张：8.5　字数：200千字
版次：2024年9月第1版　印次：2025年2月第6次印刷
京权图字：01-2023-0875　书号：ISBN 978-7-5217-6815-2
定价：59.00元

版权所有·侵权必究
如有印刷、装订问题，本公司负责调换。
服务热线：400-600-8099
投稿邮箱：author@citicpub.com

献给我家五代人的爱和疗愈秘诀,还献给你——我亲爱的读者,愿你发现这些话有助于疗愈你的身体,指引你的灵魂。你来到这个世界上是有原因的。

❤ 目录

序言　VII
前言　　　生活要向前看　XI

秘诀❶　**你生而有因**　001
　　　　感受自己的能量　003
　　　　生活在等着你投入　011
　　　　你的存在必不可少　019
　　　　你应该在哪里倾尽心力　025
　　　　唤醒内心的渴望　032

　　　　❤ 自助练习：找到你的能量　036

秘诀❷　**允许一切发生**　039
　　　　陷入困境是一种幻觉　041
　　　　生命总是向前流动　047
　　　　你可以穿越一切痛苦　053
　　　　打破羞耻枷锁　061
　　　　释怀无关紧要的事　066
　　　　明确自己想要什么　073

转移你的注意力　078

● 自助练习：放下　082

秘诀 ③　相信爱的力量　085

爱和恐惧　087
做出选择　093
自爱的作用　097
如何让爱涌进来　103
给予他人爱　107
爱和奇迹　110

● 自助练习：用自爱来疗愈　113

秘诀 ④　你永远不会真正孤单　115

生活就是连接　117
接受不完美　122
找到你的朋友　127
如何设定界限　134
倾听的力量　141
信任这个世界　146

● 自助练习：编织生活中的关系网　153

秘诀 ⑤　一切皆老师　155

向生活的教训要智慧　157
如何抑制争斗的冲动　162

梦境的启示　168
当你一直受伤　172
至暗时刻　178
一个又一个教训　185

♥ 自助练习：寻找生活中的教训　191

秘诀 ❻　疯狂地投入能量　195

使用能量是一种投资　197
什么值得你投入能量　201
不要惧怕能量耗尽　206
哺育积极能量　212
关注你的热情　217

♥ 自助练习：拥抱你的生活　223

结语　一切都刚刚好　225
致谢　239
有关作者　247

从医八十年，在地球上生活了百年，我与成千上万的人共事过。我把他们的许多故事尽可能地记录在这里。出于保护隐私的考虑，我改动了许多故事主角的名字，去除了他们故事中的关键细节，在某些情况下，我还把几个人的经历合而为一。但我没有改写我在他们身上看到的深刻灵魂转变，以及他们每个人对我的深刻影响，这让我的灵魂之路也发生了转变。

序言

马克·海曼医学博士

当我第一次见到格莱迪斯博士时,我就知道她是我们这个时代伟大的治疗师和睿智的长者之一。无数人见到她,都会跟我有同样的感受。大家都感受到格莱迪斯博士能深刻理解人类的生理和心理状况,她能深刻理解我们的快乐和悲伤,还能理解我们不可避免的挣扎和值得回味的庆祝活动。格莱迪斯博士是天生的治疗师,拥有不同寻常的温暖和经过时间沉淀的智慧。阅读这本书,你就能感受到格莱迪斯博士的温暖和睿智。这本书历经百年的酝酿,值得万众期待。格莱迪斯博士是一位全球先锋,她帮助我们重新定义了健康和治愈。她的非凡之作将为数百万读者揭示简单而具有开创性的秘诀,让我们在任何年龄段都能拥有健康的体魄,也能找到真正意义上的幸福。

格莱迪斯博士在医学领域深耕八十年之久,

或者说，如果算上她在协助医疗传教士父母照料印度患者——那些最脆弱和被剥夺权利的穷苦病人时接受的非官方医护培训，那她从医的时间就更长。格莱迪斯博士长期以来一直被称为整体医学（从整体角度研究人体疾病的发生发展规律、人体各部分之间的联系及其导致的机体状态）之母，当然现在称呼"祖母"或"曾祖母"会更准确。在"二战"期间接受医生培训后，作为该领域的先锋女性之一，她面临着严重的性别歧视，后来在1978年成为美国整体医学协会唯一的女性创始成员。她对探索有效的整体医学有着强烈的好奇心，研究了一系列来自东方、西方和原住民文化的治疗方法，并将其应用到医学实践中，她远远早于其他医生采用这种治疗方法。格莱迪斯博士尊重每名生育的女性，倡导全程无医疗干预的自然分娩，在整个20世纪六七十年代支持孕妇在家安全分娩。格莱迪斯博士也是早期对抗疗法领域中营养学的倡导者，她意识到我们吃的东西会影响我们身体的每一个细胞，这种认知对几代医生产生了重要影响。她认为疾病可以让我们洞察生活和灵魂成长，这种观念在医学领域仍然是激进的。

这本书不仅会成为几代患者和医生的经典读物，也适合那些渴望过得更充实、快乐的读者。就像格莱迪斯博士本人一样，这本书似乎既能阐述灵魂的疼痛，也能阐释身体的疼痛。它探讨了疾病和健康、疾病和幸福最深层的逻辑关系。她所倡导的治疗方法既有精神上的，也有身体上的。格莱迪斯博士解释说，真正的健康是关于改变我们与生活中不可避免的挑战、痛苦和疾病的关系，以便我们能够体验内心深刻的快乐和满足。

格莱迪斯博士的这本书为如何体验生活中的一切提供了一份指南，她在言传身教。她为读者书写了一个光辉的范例，我们理应去体验自己的生命，我们的生命是一个不断发展的动态过程，我们在这个过程中疯狂地消耗我们的精力，并"健康自然地老去"。在一个提倡反衰老的世界里，格莱迪斯博士为我们描述了一个积极的愿景：在我们不可避免地老去的进程中，我们也可以越来越快乐，越来越有成就感，因为我们还在继续学习，我们在实现灵魂的真正目的。换句话说，如果我们每时每刻都过上最好的生活，那么当我们的生命临近终点时，我们就真正过完了幸福的一生。

格莱迪斯博士的六个幸福秘诀，由振奋人心的病患故事构成，真人真事赋予文字生命力，其中许多人经历了令人惊叹的治愈之旅。格莱迪斯博士不仅治愈了他们的疾病，还治愈了他们的生活。这本书是格莱迪斯博士一个世纪以来所学和所教的全部结晶。虽然许多人可能认为她的生活幸福美好，但值得注意的是，她的生命还没有结束。格莱迪斯博士比许多五十岁的人活得更积极乐观，而且她仍然有一个十年计划。她本人自豪地说，在将近一百零二岁时，她才刚刚开启那个十年计划。

前言

生活要向前看

我今年一百零二岁了。作为一名进入第二个世纪的医生,我经常被问及健康长寿、快乐生活的秘诀。有人会问我跑步吗?练习普拉提吗?吃蛋糕吗?

不,我不跑步。我偶尔会做普拉提。是的,我也吃蛋糕。事实上,我真的很喜欢蛋糕。我甚至在我九十五岁生日时从一个蛋糕中跳了出来。

从医八十年来,我治疗过许多患者,他们一心想找到完美的饮食搭配,却贻害了自己;还有些人极度畏惧死亡,几乎放弃了生活;几乎所有人都希望我能告诉他们在冰沙里放什么,这样他们就能长生不老,或者至少多活几年。

不幸的是,即使我在这个星球上生活了一百多年,我也没有发现哪种饮食方案可以确保我们健康长寿,反正秘诀不是你可以放进搅拌机的那种饮食方案。

但我可以帮助你探索健康和幸福的真正秘诀。我们的身体健康、生活幸福与营养剂毫无关系。相反，我们要简单转变我们的思路。

在我几十年的医学实践中，我逐渐明白，医学和生命的意义并非我在医学院学到的那些。大多数人认为，医学的作用仅仅是通过治愈疾病来促进身体健康。然而，我们更大的目标不只是让身体保持健康，而且是让我们的灵魂能够实现生命的价值。

我们每个人都生而有因。在我看来，真正的健康与诊断疾病、治愈疾病、延长寿命无关；而是关乎发现自己，被召唤着成长、蜕变，倾听是什么让我们的心灵歌唱。

这种观点反映了我更宏观的哲学观：每个人都是一个更大的整体中的一部分。就像我们身体里的所有细胞一起工作才能维持生命一样，所有生物一起工作才能创造我们的宇宙。因此，我们每个人都是独一无二的，也是必不可少的一分子。

为了理解疾病和治疗的大局观以及生命本身，我们需要了解健康的真正运作方式。与医疗机构所持观点相反，我认为医生并不能治愈患者，只有患者才能治愈自己。作为医生，我们动用医术、知识和智慧来治疗我们的患者。我们深切地关心着患者，并将这种同情心带入我们的工作。这是我们作为医生在地球上的神圣使命。然而最终，卓越的医生都知道，治愈来自内心。

像我这样的医学博士表达上述观点，可能令人惊讶。然而，我对健康持有的观点并不是没有依据的。我的父母都是骨科医生，我的母亲是第一批获得博士学位的女性之一，我的父亲也是医学博士。他们在印度抚养我长大成人，在那里我耳濡目染，体验了许多，我的经历远远超过医学院的大多数同龄人。从 20 世纪 50 年代开始，我和丈夫比尔·麦克格雷博士一起，研究和讨论当时的前沿观点。我们认为人类是有体验的灵魂，我们的某些部分与其他人紧密相连，我们来到这里的使命是为了个人和集体的成长、治愈。1978 年，我和比尔是共同创立美国整体医学协会小团队的成员，我们的使命是将身体、心灵和精神整体结合的观点带入现代西方医学。从那时起，我就一直效力于这一使命。

重要的是，要在一开始就注意到，整体医学不一定就是我们所说的替代医学。整体医学融合了各种治疗方式，包括许多人知道的现代医学对抗疗法。

整体医学这个医学术语不是指策略，而是指方法。整体医学是指治愈患者整个人，而不仅仅是治疗疾病。该术语是指把每个人看作一个完整而复杂的生命，一个具有独特身体、心理和精神特征的人，以及他或她在一生中要完成的一系列个人目标。整体这个词结合了完整和圣洁，不是基于特定的宗教意义，而是深刻地尊重每个灵魂的完整性，并将身体视为协助灵魂完成任务的工具。从简单的酸痛到恶性肿瘤，疾病和症状也是完整身体设计的一部分。疾病通过展示身体受伤的地方，准确地告诉我们灵魂下一步需要怎么做。

这就是为什么当有人因头痛求诊时，我可能会问他们的梦想；

或者当有人因慢性疾病而来时，我可能会花时间和他们讨论其童年经历。这也是为什么我的许多患者不只是来和我讨论他们身患疾病的原因，还和我讨论他们在情感和精神上遇到的问题。我们每个人都是一个由思想、情感、信仰和感觉组成的复杂生态系统，所有这些都影响着我们的健康状况。我不只是对缓解患者的症状感兴趣，我还对帮助他们看到目前的困扰感兴趣，这是他们在灵魂之旅中必须解决的问题。

生活中的挑战为我们指出了灵魂准备转变的地方。作为一种严峻的挑战形式，苦难是一个响亮的警笛，肯定会引起我们的注意。它尖叫着说："醒醒吧！注意了！你有工作要做！"当然，我们每个人都可以努力避免痛苦，也应该这样做。但是，当我们带着好奇心靠近自己的苦难，问苦难可能要教会我们什么时，苦难就赋予我们新的生命意义。任何形式的苦难都是如此，比如身体上、情感上和精神上的苦难。

当整体医学界说心灵可以影响身体时，有些人担心我们是在说患者引发了自己的疾病。还有人听说我们可以从痛苦中学习时，就认为我们活该遭受苦难。我明白有些人可能会误解这种观点，所以我想澄清一下：我不是在鼓励殉道，也不是在暗示我们活该承受痛苦。我也不是说你要转变自己的观点才行。你骨折了，可能需要接骨修复；社会出现重大问题时，可能需要连根拔除隐患。然而，在现实环境下，即使我们努力关注我们的身体状况，某种程度的痛苦也往往不可避免，所以我们不妨用痛苦来指导我们前进。

这是因为尽管我们的健康与我们面临的挑战有关，但我们的健康并不完全受这些挑战支配。虽然许多人身患重症，甚至遭受着强烈的疼痛，但他们仍然为实现目标而心生愉悦。还有一些人虽然身体健康，但在醒来时仍然想要自杀。健康并不要求我们的身体没有丝毫问题，就像幸福并不要求我们的生活万事顺遂、毫无波折。我们的健康和幸福要与我们自己的生命力紧密相连，这样我们才会觉得融入了周围的世界。

真正的健康是我们与周围的世界一起生活，这是一种参与性的体验。我们要与内部的生命力——我们的意志、我们在这里的愿望合作，还要与世界分享我们的天赋。我们这样做的意愿变成了我们的目标感，一旦我们有了这个目标，我们的灵魂在任何状态下都可以是健康的。

在这本书中，我将指导你在整个人生中寻找并激活你的治疗和学习之旅，让你每天都过得充实而有意义。我将与你分享六个意味深长的秘诀，它们可以帮助我们完成我所说的转变生活的过程。但这个转变的过程最终由你来掌控。你是自己生命中的主角，最终，你是能够真正治愈自我的人。你的健康和活力、目标和幸福，也取决于你与自己建立的一种医患关系，在这种关系中，你仔细聆听什么能给你带来快乐，并且为自己开出最具疗效的治愈处方。

如果把我一生的工作和我写这本书的目的提炼成一句话，那就是：要想真正活着，我们必须找到自己体内的生命力，并将我们的能量注入生命力。这会改变我们的观念，要求我们直面生活中的一切，并与生活互动。你可能会对自己说："我时时刻刻都在与生活打交道！毕竟我是一个人，我才是生活在其中的人啊！"但我指的是一种快乐、互动式的参与，延伸到我们每一次呼吸和每一秒时光。这意味着与生活本身共舞，找到我们的目标和积极性，无论生活给我们带来什么，我们都能继续跳舞。当生活变得艰难时，我们不会拖后腿，相反，我们变得更好奇甚至更投入。即使我们身陷水深火热之中，我们也可以心生感激之情。

我将向你介绍一些令人难以置信的病人，我有幸支持他们更深入地与自己的灵魂目标相联系，让他们充分享受快乐，并学会接受有时爱和关怀不太可能得到。在某些情况下，疾病的治愈不亚于奇迹，但其背后有一门科学，它暗示着他们与自己体内的生命能量保持一致。

你可能会注意到，这些案例中的每一个人都必须积极地参与自身的治疗。他们只好心甘情愿地转变自己的想法，连接他们拥有的任何生命力。当我帮助他们面对疾病的挑战时，我用爱与真心对待所有人。有些人的疾病痊愈了，而有些人则学会了与慢性病和平相处。有些人最终离世了，而有些人几乎和我一样健康长寿。所有人都更接近他们的灵魂健康。他们与活着的理由重新联系起来，并且活出了自我。

前言

除了我的这些医学实践故事，我还将分享诊所以外的故事。我不同寻常的人生之旅把我带到了世界各地，我这一生的时间很长，让我有足够的精彩故事分享。我在母亲、祖母、曾祖母甚至曾曾祖母的角色上追寻的目标跟作为医生时一样多，所以我也想讲述一些关于这些角色的故事片段。我每天都能学到新东西，而且我有很多机会来践行我的主张。

我也很幸运地受到了许多非凡人士的影响。我要向你们介绍我的父母——约翰·泰勒博士和贝丝·泰勒博士，他们是骨科医生的先驱，也是极具信仰的人。在第一次世界大战和第二次世界大战期间，我父母致力于治疗印度的穷苦病人，在那里抚养我们兄弟姐妹五个人。你会在本书中见到其中的两个兄弟姐妹——我的哥哥卡尔·泰勒医生和我的姐姐玛格丽特·泰勒，他们笑对人生中的每时每刻，直到离开人世。你会在本书中见到我那不妥协的贝尔姑妈和我们心爱的保姆哈代（我们叫她"阿亚"），还有为我们做饭的达尔，他是阿亚的丈夫。尽管我承认阿亚和达尔都是我们的家庭成员，但我可能会用不同的名字来称呼他们。你还会遇到几个熟悉的公众人物，他们的生活与我的生活也偶然地交织在一起。

当你阅读我和患者的生活故事时，我希望你能对自己的生活有更多的了解。我的目的是帮助你探索可能发生在你身上的故事，这样你就能理解自己独特的身体和灵魂了，并为自己的生活和疗愈负责。我治愈过成千上万的患者，就像世界上没有两片相同的树叶，这世上也没有两个相同的患者。你正在创造自己的人生之路。你的灵魂正在执行自己神圣的使命，它深藏于你独特而充满活力的身体里，只有你能指导灵魂实现使命的过程。

通过这些故事，你会在个人层面上与我的六个幸福秘诀联系起来。我的许多哲学观点曾经处于公认真理的边缘，但也慢慢兼具科学性！我坚持认为，我们必须拥抱科学，因为科学为我们提供了清晰地理解世界的具体方法！我支持科学，因为我提倡质疑，我喜欢挖掘事物发展的真相并厘清它们的来龙去脉。同时，这意味着理解有很多东西科学还无法解释。虽然我们还不知道答案，但总是值得提出问题。

我还将通过一系列简单的练习，帮助你将六个秘诀扎根于内心深处。每个秘诀都包括一个沉思练习，我鼓励你以自认为合适的方式完成，如散步或在纸上执笔等。这些都不是万能的，它们更像是我母亲所说的"做些事情"，要求我们最大限度地利用我们学到的东西。这些沉思练习当然不是家庭作业，因为我一直不爱写家庭作业！相反，这些沉思练习只是一些小妙招，可以激发我们的灵感，以便我们全面思考如何过好当下的生活。

我真心希望，当你做沉思练习的次数够多时，这些练习可以成为你的习惯，融入你的日常生活。欢迎你根据自己的需求来调整自己的沉思练习，如果你从这本书中有所收获，我希望你有能力指导自己的健康生活方式、疗愈和学习。我相信，仅仅谈论这些想法还不够，我们还需要结合实践来活用理论，我们需要通过身体上的实践去感受理论变成现实。因此，当你在思考每章节提及的幸福秘诀时，我提供了简单的练习方法，让你通过具体实践来感受它们。

当你拿起这本书时，你已经与自我的灵魂保持一致，让我们一起踏上与自我目标紧密相连的旅程。没有人能够独自做到这一点，尤其是现在。

在人生旅途中，许多人发现自己在问一些深刻而迫切的问题。我到底是谁？我为什么在这里？我应该如何度过一生？我该做什么？我该和谁在一起？当这一切结束时，是什么让生活变得有价值？基于各方面的不确定性，这些问题在今天显得更加紧迫。

我想让你挖掘自身内心深处的智慧，你会关注这些问题，但不要急于回答它们。我想帮助你看到，当你与真实的自我联结时，无论别人怎么说，凡事皆有可能。

在我们开始之前，我有一个故事要分享给你。

20世纪30年代初期，我和家人坐上了从德里开往孟买的火车，我为自己即将回到美国而感到遗憾。在美国我将身穿熨烫好的衣服，接受当地的礼仪、习俗以及其他我无法忍受的事情，毕竟我是一个不拘小节、注重心智的人。我好不容易在印度当地学校遇到了一个我喜欢的老师，现在却要离开，我对此感到很伤心，但我的父母向我保证，我们很快就会回来。父母休假了一段时间，我们将前往位于美国中部大平原区的堪萨斯州，我们会住在家庭小麦农场附近。

我没料到我们来到堪萨斯州时，正是经济大萧条时期，这让我们被迫在堪萨斯州滞留了两年多，当时我只有九岁，无法理解这种事情。我所知道的是，我们要离开印度，告别阿亚和达尔，前往一个我只去过一次且不记得的遥远他乡。

火车开始缓缓驶动了，我脏兮兮的脸紧贴着窗栏，看着那片生我养我的心爱土地。一群人聚集在铁轨边上，跟着前面的游行队伍走。妇女们穿着她们最好的衣服，孩子们一边跳舞一边扔着鲜花。在火车的头等车厢里，每个人都端庄地坐着，好像什么都没有发生。但在我们所坐的三等车厢里，有人从窗户爬出去，跑去加入游行队伍，其他人沿着头等车厢跑，他们的脚踩在金属地板上发出雷鸣般的声响。

火车向前行驶，超过了游行队伍，这群人开始进入我们的视野。前面有一个小个子男人，他穿着简单的白色腰布，那是一种包裹在腰部和大腿上的白布，还拿着一根木棍。虽然太阳火辣辣地烘烤着他的全身，但他依然兴高采烈地往前走，全身心投入他的游行。那时有人开始呼喊他的名字，而我已经知道他正是我父母带着崇高敬意告诉我的那个传奇人物，他将印度人民从压迫中解放出来，让人民获得力量，他就是圣雄甘地——印度民族解放运动领导人、印度国民大会党领袖。

我感到它单调的轰隆声穿过身体，几个小时后，火车停下来了，突然的寂静让我感觉像触电一样。

就在这时，一个孩子拿着一朵花跑到甘地面前。甘地停下来，弯下腰，接过花。当他这样做时，我看到爱从他的整个生命中散发出来。甘地站起来继续往前走，回头看了看人群，不仅看了看地面和火车上的人，还看了看我们这些把脸贴在窗栏上的人。我发誓，有那么一秒钟，他目光如炬，突然看着我。

在我的生命中，我已经亲身感触很多次爱了。但是那个男人的爱永远不会离开我。我感觉他好像看到了我离开印度时的悲伤、恐惧、希望，并接受了这一切。他用一种我难以忘怀的爱看着我——这种爱识别了我的灵魂。

甘地转身率领游行队伍离开了。

我目睹了甘地领导的具有历史性的盐业大游行，或称之为盐业征税抗议，在这次抗议游行中，他领导了一次非暴力抗议——抗议英国对盐业征收重税。

如果我现在能给你一样东西，那就是同样令人难忘的爱——那种承认并接受你一切的爱。这种爱承载着对未来的希望、对过去的经验总结，让不可能的奋斗有了目标，标志着生命力的膨胀，将我们推入新的转折点。

无论是谁阅读这本书，我都希望你能懂得，我对你来这里所做的一切怀有深深的敬意。我小心翼翼地把握着你所经历的一切，我对即将到来的一切充满希冀。我可以用六个幸福秘诀来指导你，给你世界上所有的爱。

其余就看你的了。

秘诀 ❶
你生而有因

我们每个人生来都是为了连接我们独特的天赋，
这是激活我们生存欲望的火花。

感受自己的能量

我依稀记得我第一次意识到能量的确切时刻。

我的父母是印度穆索里附近的传教士，穆索里位于喜马拉雅山脉的半山腰。我从五岁起，就和哥哥姐姐们被送到当地唯一说英语的学校，主要是传教士、政府官员和英国军官的子女就读于这所学校。我是一个有点邋遢的孩子，母亲和保姆阿亚费尽心思地让我梳妆整洁、衣着得体，但我会使坏去违背她们的意愿。与玩娃娃或看书相比，我更喜欢捏泥巴和爬树。我喜欢听故事，但我不喜欢读故事。每次我看着书上密密麻麻的字眼，大脑就会一片空白，我无法真正理解印在书面的字词。

当时，还没有一个词来形容我遇到的这种阅读情况。今天，我们称之为阅读障碍。然而，我在入学早期，一度被认为愚笨，这种看法来自我一年级的老师，她经常会因为我表现不佳而对我另眼相看。我在她的课上表现糟糕，因此还被迫留级了，她对我的看法深深地影响了我的自我价值感。

回首往昔，自我救赎似乎相当迷人。我后来有了自己的事业，这让我在事后恍然大悟，早年的学业不佳只是我年轻的生命中一个短暂的插曲。但在当时，我挣扎得很用力。我真的觉得自己不够聪明。我的意思是，当然，我认为那个老师比我还愚笨，但我真的担心，如果我连阅读这样简单的事都学不会，我怎么能在这个世界上立足。最重要的是，我担心自己是否有能力跟随父母行医，毕竟行医是我最大的梦想。

我也很难交到朋友。那时我非常孤独，每天在放学回家的路上，我都会数着上山的脚步，直到蜷缩在阿亚的披肩下号啕大哭。

在读一年级那漫长的两年期间，我一直翘首盼望冬天的到来，那时父母会前往平原地区工作，我们家会收拾好行李住进大篷车。父母会在流动营地里医治病人，而我最喜欢在流动营地里度过的时光。我们的营地是一个热闹的旅行社区，汇聚着来自印度各地的人，其中大部分来自低等种姓人群，这些人都会来这里看病。种姓制度给他们贴上了"贱民"的标签，我父母认为这既不准确也很可悲。我也一直不明白，阿亚怎么会是"贱民"呢？她的拥抱给了我最美妙的感觉。达尔或其他任何人，怎么可能是"不可触摸者"呢？任何人都会这样提问。我的父母还为麻风患者和妇女看病，这些人往往无法在其他地方得到医护。父母治疗的大多数人以前从未看过医生，他们几乎贫穷潦倒。

父母的救治观念让我们的营地热火朝天，大家不仅可以来这里接受治疗，还可以得到善意和关爱，也可以交流互动。我们会从黎明开始工作，在一天中最热的时刻短暂休息，随后再投入工作，直到夜幕降临才收工。接着，我们会一起围坐在篝火旁，在一片星空下讲故事。

似乎当地每个人都知道我们的工作时间，也知道我的父母会接受任何需要帮助的病人。有一天，我父亲带着哥哥们去打猎，这意味着由我、姐姐玛格丽特和弟弟戈登在营地里帮助母亲。我喜欢协助母亲，帮助遭受伤口感染、慢性病和骨折的人。我为母亲是一名医生而感到自豪。我还觉得，在我生命中的前八年里，我几乎见识了一切。但是那一天，我们接诊了一位出乎意料的病人。

中午时分，突然出现一阵骚动，一个年轻人竟然领着一头受伤的大象走进了营地！母亲过去和他打了招呼，并试图解释她并不是兽医。但年轻人告诉她这是一只特别的大象——它是国王拉贾（印度、东南亚部分地区的君主）打猎时最中意的坐骑，前段时间，大象由于踩到了一个竹桩而伤了脚，伤口根本无法愈合。虽然拉贾通常会让看管员来负责受伤动物的治疗，但他知道我父母就在这里，便吩咐驯兽师带着大象过来让我父母亲自看看，否则不准回去。

母亲以前从未给大象治过病，但她也不是一个会退缩的人。她用与其他病人交谈时那种温柔自信的语气和大象交谈。"让我看看这里，"母亲语气舒缓地说，"我会很轻的。我能看到这里伤得很重。"母亲仔细地看着大象的左前脚，小心翼翼地抚摸着它脚上柔软的肉垫。大象的脚其实已经感染了，母亲推断破碎的竹片一定还残留在里面。靠近这样一只雄壮的动物，确实让我感到既兴奋又不安。当我的手沿着它褶皱的皮肤一直摸到光滑的象牙时，我被它那平静中蕴藏的巨大能量震撼。

母亲意识到我想要帮忙，便指使我去拿镊子、高锰酸钾和一个大号的铜制注射器。我先拿来了镊子和医护用品套装中最大的注射器。母亲仍然轻声地抚慰着大象："好，好，你做得很棒。"大象耐心地伫立着，并眨了眨眼睛。

随后我又返回帐篷里准备消毒液。我们的帐篷里向来收拾得井然有序，我先从架子上拿到一大瓶高锰酸钾，把它放在水壶旁边。之后，我仔细地配制了消毒液，紫色的溶液充满了整个水壶。在这个过程中我避免接触高锰酸钾，因为我知道这种未稀释的强腐蚀性化学品会灼伤我的皮肤。我提起手中又大又沉的水壶，慢慢地向外面走，要当心不把药水洒在这坑坑洼洼的地面上。当我回来的时候，大象安静地站着，看着母亲探寻深陷在肉垫里的竹子碎片。大象耐心地让我母亲取出长长的碎片，以及冲洗感染的皮肤。我可以理解为什么拉贾如此钟爱这头大象了。毕竟它是那么温顺、勇敢且不退缩。

母亲清洗完大象的伤口后，又在伤口表面涂了一层药膏，便完成了治疗。大象是一种善于表达情感的动物，此时的它似乎非常高兴。当驯兽师要把它带到恒河边凉快一下时，大象伸出鼻子把玛格丽特卷了起来，伴随着又惊又喜的尖叫声，她直接被举到了空中。

我们屏住了呼吸，但大象紧接着又把她放到了自己的背上，这让我们松了一口气，然后大象又把鼻子伸向我。

看到玛格丽特那样，我不再害怕。我享受着缠绕在我身上的粗糙象鼻，感受着象鼻强劲的肌肉，它与我的鼻子真是天壤之别。我以前见过很多大象，看着它们用鼻子从树上取食，用鼻子托起它们的幼崽，但我从来没有触摸那傲人的象鼻，也从未想象被象鼻环绕是什么感觉。不过，我还没来得及思考太久，就已经坐在姐姐身边了，大象的脊背是如此宽厚。接着大象的鼻子伸向了戈登，当他来到我身后时，他的小手搭在我的腰上。我们出发了！我们骑着大象来到了河边，营地的其他孩子也跟随其后，当我们抵达时，大象俏皮地朝我们所有人喷水。因为水里有蛇和鳄鱼，所以恒河通常是我们的禁区，但大人们知道，有大象在，没有哪个生物敢靠近我们，我们就留下来和大象玩了一个下午。

第二天，驯兽师又把大象带到了营地，让我母亲检查伤口是否有感染的迹象。大象径直走到母亲身边，用象鼻缠住她的腰，就像托举我和兄弟姐妹那样把她举到了空中。在这一周余下的日子里，大象似乎是为了表示感谢，每天都会来拜访我们。它用象鼻给我母亲一个大大的"拥抱"，而母亲则用她一贯的幽默去回应——她眉开眼笑并且高兴地叫道："现在，做个好孩子，把我放下！"之后，我们都会去河边玩，有时骑着大象穿过浅滩，有时我们也会因大象向我们洒水而尖叫。

这是我生命中的一个关键时期。当我第二年重读一年级时，我很欣慰地发现，我其实没那么讨厌上学。

帮助母亲治疗大象这件事，让我意识到我有当医生的天分。虽然阅读障碍让我的学习很吃力，但我知道它与我的智力无关。我的新老师明白我遇到的困境，并用一种新方法教我阅读，她知道一个医学生必须阅读，从而鼓励我去追随她的指引。我开始重新相信自己了。我带着这种自我意识完成了小学的学业，然后进入中学，最后到医学院也是如此。

行医给了我一个机会，让我与世界进行积极、有意义的互动。当我拿着紫色的消毒液去找那头大象时，我内心深处感到由衷的快乐，因为我意识到在学校遇到的困难并不会击败我，我会找到一种解决方案来应对遇到的问题。我知道自己是重要的、被需要的。我觉得自己是万事万物中不可缺少的一分子。

我们都应该有这种感觉。我们每个人都生而有因，生来就是为了学习和成长，也是为了施展我们的天赋。一旦我们这样做了，我们便充满了具有创造性的生命活力，我称之为能量。

能量是我们活着的理由，是我们的成就感，是我们的快乐之源。能量是生命被爱激活时涌出的热流。能量是我们从那些重要且有意义的事物中汲取的养分。这是我父母医治穷苦病人时收获的东西。我们每个人生来都是为了连接我们独特的天赋，这是激活我们生存欲望的火花。连接我们的天赋不一定重要，但探求天赋的过程更具价值。

我们寻找能量的过程，让我们充满活力。

这种想法并不新颖，与健康相关的想法也是如此。许多东方哲学家已经注意到，有某种能量与健康联系在一起，它被称为生命力和气。西方哲学家可能会提到一些更理论化的东西，如动机或目的。紧急医疗工作者和临终关怀专业人员经常把能量描述为一种生存意志，因为当一个人失去这种意志时，他或她就会濒临死亡。虽然能量并不能确保绝对健康，但消耗或失去能量往往会让我们感到萎靡不振。

我们都被要求通过对世界的贡献找到能量。某些活动和追求会给我们带来更多的能量，这因人而异。有些人找到了一个能激发热情的职业，他们在整个职业生涯中都捏着自己的鼻子想："我真不敢相信，我竟然为此得到报酬！"另一些人则用能量不足的工作来谋生，并在工作之余追求心中所爱。还有一些人，如无偿护理人员，以其他有意义的方式为社会做出贡献，这仍然让他们与独特的目标感紧密相连。

虽然没有哪种方法或生活领域可以确保我们找到能量，但我们都需要找到它。能量是生命力不可或缺的一部分。如果我们没有能量，就很难感受到快乐，身体和心理的状态都会受到影响。这就是为什么我经常问病人生活的目的，如果他们不能回答这个问题，我往往只能暂时缓解他们的病症。我可能会治好患者的病情，但我不一定能治愈患者的心灵。

  如果我们足够幸运，我们就会多次经历能量迸发的时刻。然而，同样频繁发生的是，我们许多人发现自己的能量似乎消耗殆尽了。这可能是既令人震惊又值得关注的一点。但情形也可以更微妙，就像一辆汽车噗噗作响，随后噼啪响了响，最后没油了。

生活在等着你投入

不是每个人都像我一样，这么年轻就找到了自己的人生之路。许多人努力探寻他们到底是谁，是什么给了他们能量。能量可能是我们内心深处的东西，藏在表面之下，但我们感觉无法触及它。詹姆斯的情况就是如此。

詹姆斯是一名刚从计算机科学专业毕业的学生，他不确定下一步该做什么。我已经为詹姆斯和他的父母治疗了很多年。在母亲的催促下，他来找我看病，但我通过快速的病史了解和身体检查，发现他没有什么问题，至少他的身体健康没有问题。他的牛仔裤上夹着一个随身听，是的，那是很久以前的事了，他把耳机戴在脖子上，紧张地扫视着房间。

"詹姆斯，是什么一直在困扰着你？"

"我只是不知道我的生活该怎么办。我有计算机专业学位，我也有学生贷款要还，但我对任何招聘信息都不感兴趣。"

"你喜欢计算机吗？"

"不太清楚，但我知道计算机很了不起。我父亲是一名工程师，他认为计算机行业是一个有保障的行业。计算机是世界正在发展的一种体现方式，我不确定什么是安全、有保障的。"

"那你想做什么呢？"

"我不知道。"他说。但我怀疑他潜意识中可能知道自己想做什么，只是承认这一点对他来讲没有安全感。

"你还有其他梦想吗？"

詹姆斯告诉我，他偶尔会梦到一棵高大的仙人掌，但不记得其他任何事情，所以我建议他描绘一个场景，他同意了。我说："闭上眼睛，看看你的周围。你能看见一条路吗？这条路可能铺满了鹅卵石，还可能是一条泥泞小路，也可能是一条铺好的路甚至人行道。"

詹姆斯皱起了眉头，然后他的额头松弛了下来。"那里。"他低声说。

"开始走上这条路。走一步，然后再走一步，再走一步，"我说，"现在看看周围。这是你的路。你在这条路上看到了什么？"

"我在山丘上。"詹姆斯在一分钟后悄悄地说。

"看看前面的路。你在那里看到了什么？"

詹姆斯的眉头又皱了起来。"我看到了那棵仙人掌。我听到一些鼓声。我不知道。"他睁开眼睛。"格莱迪斯博士，我只是不知道。我需要搞清楚很多事情。我问过我的父母，我是否可以自己去山丘上露营，但他们很紧张。他们想知道我是否在吸毒。我只想一个人待着，享受大自然。"

"我认为你应该去。如果你的父母有问题,让他们给我打电话。"

几周后,我在超市见到了詹姆斯,他说自己上了山。他说这是一次视觉探索。他告诉我,在山上的时候,他脑海里一直有鼓声,他知道自己想做什么了。詹姆斯想成为一名音乐家,而且他准备进入研究生院学习音乐制作。我可以看到他的眼睛里闪烁着光芒。他身上充满了昂扬的斗志。

"你的父母是怎么想的呢?"

"他们担心我成为一个负债累累的音乐人,但他们已经同意我尝试一年,看看我能否在音乐方面有所成就。"

正如詹姆斯的故事所描述的那样,有时找到我们的能量,会推动人生的转变。它向我们展示了我们究竟是谁。这可能需要我们做出改变,开始尝试一些新事物,或者停止我们已经做了很长时间的事情。

在有些情况下,只需要很小的外部变化。莉莉安什么都有,但又一无所有。她就坐在我旁边,但当她说"我肯定有问题"时,她的心似乎离我很远。

多年来,我一直是莉莉安的医生,也治疗过她的家庭成员,他们看起来是其乐融融、幸福满满的一家人。她的成年子女彬彬有礼、事业有成,她的婚姻也很稳固。她在社区里人脉很广,喜欢为当地一家低收入儿童服务协会做志愿者。

莉莉安在过去出现过各种症状,并且这些症状都已缓解,但她目前的诉求模糊不清。莉莉安说，也许她生病了，或者有我们不知道的肿瘤。她认为自己可能处于自身免疫紊乱的早期，或者激素失调。她不舒服，她只是确定这一点，她相信我会帮她解决这个问题。

我开始更具体地询问莉莉安的症状。我问她是否头疼，她说不疼。我问她消化系统怎么样，她说很好、有规律、没有问题。我再问她是否有身体部位疼痛，她说没有，她觉得自己在衰老，所以她偶尔会注意到这里或那里有一点刺痛，但没有什么特别之处。接下来我询问了她的心理状态，我问她的睡眠情况，她说睡眠没问题。我还问她是否得过恐惧症或抑郁症，她也说没有。但她只是感觉不好。莉莉安解释道："我只是没有精力做任何事情了。我被安排负责儿童协会的年度筹款活动，但我几乎无法完成工作，感觉我只是在走过场。"

莉莉安并不是分享这种经历的唯一患者，他们无法完全准确地描述症状，这些症状可能每天都在变化。有些时候是疼痛，似乎影响了患者的一切。有时他们只是看起来没有精力。有时他们只是觉得没有参与感。莉莉安无法说出其中的任何一种情况，但她似乎正在遭受这三方面的困扰。

最后我问她到底发生了什么。我轻轻地问道："莉莉安，你认为自己有什么问题吗？"

莉莉安低头看着自己柔软、修剪过指甲的双手。她沉默了一分钟，我可以看出她正在内心深处寻找她未能定义的东西。在那漫长的数十秒钟里，我们一起静静等待着。

然后她开口了，"我想我已经没有活下去的理由了"。

莉莉安话音刚落，我们都屏住了呼吸，现场一度沉默。

几秒钟后，莉莉安打破沉默，试图解释。"我的意思是，我拥有了我生命中一直渴望的一切，"她说，"我喜欢我的生活。我没什么可抱怨的。但是……"她支支吾吾地环视着房间，摸着她戴在脖子上的精致项链，仿佛要把她不满的根源说出来。

"没有人需要我了。我觉得我的生活没有任何意义了。"她最后说。莉莉安的声音颤抖着，泪水夺眶而出，顺着脸颊流淌。"我的孩子们不再住在家里了。我丈夫有他的工作，而我为这些孩子做什么似乎并不重要，因为他们的问题从未真正消失。这比任何事情都要令人沮丧。我在这里到底是为了什么？我已经做了我需要做的一切，而且活着也没有什么意义。"莉莉安开始更急切地拽着她的项链，她的焦虑陡增。"我不知道接下来该做什么。也许接下来没什么可做的。也许我已经完了。"

即使我们似乎拥有了一切，没有能量的话，我们也将一无所有。没有能量的生活会空虚，我们会无精打采。这不完全是抑郁症，但也不完全是活着。就像莉莉安描述的那样，这种感觉很糟糕。

这本书包括许多有关病人改变生活的特别故事。但是莉莉安的故事一直深深地打动着我，因为大部分生活情节并没有戏剧性冲突。生活大多数时候是日复一日，我们要么与周围的世界互动，要么不互动。许多关键的转变都发生在像这样的病人身上。

我把莉莉安拉过来,紧紧地拥抱着她,默默地欣赏着她的勇敢无畏。医学院没有人教我拥抱别人——现在,他们可能会教大家不要这样做——但不管怎样,我总会温暖地拥抱患者。然后我试图向她解释发生了什么事。

"你很重要,莉莉安。你只是忘记了自己的重要性,"我说,"你是比你自己本身更重要的一部分。你是你儿子、丈夫和朋友生活的重要部分。你是生命本身的一部分。你的生命还在继续,你的生活并没有结束。生活就在那里,等着你去参与。"我告诉她,在我的脑海中,我看到了她,看到了她的生活。就好像我可以在她周围画出两个没有接触的圆圈。这两个圆圈是分开的。她的生命怎么会给她这样的负能量?她又怎么能给予任何回报呢?

我们进一步讨论了莉莉安在社区中的角色,她似乎松弛了一些。莉莉安在理智上似乎明白我在跟她说什么,但是她的身体还没有跟上。

几天后,莉莉安摔了一跤。她正走下露台,突然脚踝扭伤,摔倒在人行道上,右臀骨折。我听说她摔倒了,便去医院看望她。事故已经过去快两个星期了,她非常沮丧。莉莉安一见到我就高兴起来,但随后又悲伤起来。

"你在这里是怎么打发时间的,莉莉安?"我给了她一个长久的拥抱后问道。"我什么也没做。我什么都做不了。我必须待在床上。"

她回答。"嗯，你的胳膊可以动，你的大脑也可以思考。你肯定能做些什么，你也必须做，如果你像这样待在病床上，你肯定会情绪内耗。"

莉莉安用异样的眼神看着我。她询问道："我在病床上能做什么呢？"

我问："那么，谁在为儿童协会筹划募捐？"

莉莉安解释道，她不在的时候，儿童协会的一名员工被派去负责募捐活动，但事实上他工作太累了，什么也做不了。我鼓励她给那个员工打电话，要求承担一些工作职责。"你必须与你的生命力重新连接，为了实现这一点，你必须忙碌起来，"我建议，"你的臀部需要时间愈合，但如果你一直闷闷不乐，身体愈合会需要更长的时间。"

莉莉安把我说的话记在了心里。她开始在医院的病床上筹划这个儿童协会的募捐活动。她选择装饰品、安排发言人和确定菜单，从而变得精力充沛、容光焕发。两个月后，我参加了她的筹款活动，这是我参加过的最精彩的活动之一。莉莉安帮助筹集的资金，为贫困儿童启动了一个全新的课后项目。

莉莉安和詹姆斯都参加了我今年一百零二岁的生日宴会。他们和我一起庆祝真是太棒了，我也要庆祝他们创造了充满活力的生活。莉莉安仍在儿童协会工作，主持年度募捐活动。詹姆斯后来也成为一名成功的专业音乐制作人，离他第一次上山几十年后，他成了当地印第安人部落中受人尊敬的兄弟，并带领其他人进行视觉探索，这丰富了他作为音乐制作人的职业生涯。

莉莉安和詹姆斯的巨大转变提醒我们，对能量的追求涉及一个更重要的问题：我们为什么会在这里？我们当中的一些人有精神上的追求，有一些人信仰宗教，而有一些人尊重宇宙的自然规律。但是不管我们对创造的理解是什么，我们的能量都说明了为什么。能量是我们触及生命的直接结果，生命反过来哺育我们。

重要的是，我们是寻找能量的人。一旦我们这样做了，开始流动的能量就会持续，然后不断膨胀，直到我们充满能量，开始与更伟大的东西——目标感联系起来。

充满活力的生活会让我们目标感十足。这对我们的心理健康和身体健康都有着深远的影响。密歇根大学健康和退休研究表明，在五十岁以上的成年人中，高度的目标感与死亡率下降之间存在关联。我们发现生活中有目标可以降低心血管疾病风险，并防止阿尔茨海默病的极端恶化。还有证据证明，志愿服务活动可以降低死亡风险，更不用说让我们有更强烈的幸福感了。以上种种迹象表明，实际上，有目标的生活可以帮助我们延长寿命、活得更幸福。

我们从生活中获得的快乐，会感染我们周围的世界。在整体医学中，我们不仅仅将身体健康理解为灵魂健康的一个方面，我们还将灵魂健康视为世界健康的一个方面。当我们关注我们的灵魂和心海时，我们也让世界上的人更健康了，因为我们都紧密交织在一起。

你的存在必不可少

如果不是因为隔壁第三家那个脾气暴躁的老邻居金布尔太太，我母亲可能永远也不会进医学院。金布尔太太走路明显一瘸一拐，几乎总是抱怨脊椎疼痛，医生无法治愈她的脊椎。但在1910年的某一天，我母亲出现在门廊时，看见金布尔太太满面春风、大步流星地沿着街道走来。

这真的是同一个女人吗？

金布尔太太脱胎换骨的原因是什么呢？

金布尔太太告诉我母亲，她曾经接受过一名骨科医生的治疗，那名医生像做椒盐卷饼一样把她扭来扭去，一劳永逸地治愈了她的脊椎疼痛。金布尔太太称赞正骨医学的创始人安德鲁·斯蒂尔博士非常前卫，他甚至开始接受女性进入他的医学院进修。

我母亲从未听说骨科医生，但她想到脾气暴躁、爱抱怨的人再次笑容满面，便感到不可思议。母亲一想到自己可以在斯蒂尔医生的指导下接受这样的医学培训，便跃跃欲试、兴奋不已。她开始寻找申请医学院需要准备的资料。

不到一年，我母亲就加入了首批男女同校的队伍。在那里，她遇到了我的父亲，并于 1913 年毕业。母亲的余生都在治疗遭受痛苦的患者。我的父母在印度鲁尔基的妇女医院治疗了无数病人，他们每年冬天都会在野外营地医治患者。即使在经济大萧条时期，我父母也在居住的堪萨斯小社区热心治疗病人。在大多数情况下，我父母的薪水很低，甚至不收钱。除了作为一名治疗师，我的母亲还激励了许多人，因为成千上万的人都认识她，而我母亲是他们认识的第一位女医生。

金布尔太太帮助我母亲树立了当医生的目标，这改变了母亲的生活，而我母亲后来通过在印度和其他地方行医，改变了许多患者的生活。这正是能量的作用，它不仅将我们与自己的目标联系起来，而且通过集体目标将所有人联系在一起。

我所说的集体目标并不是指我们都有相同的目标。我的意思是，当我们充满活力时，我们会对那些与我们互动的人产生更强烈的使命感。我们每个人的灵魂就像一块拼图。目标把我们团结在一起，让我们创造任何一个人无法单独完成的更伟大、更美好的东西。

我喜欢把每个人比喻成一块拼图，因为这给每个人独特的空间。我们不应该被塑造成这样或那样，而应该被精确地塑造成我们现在的样子，因为这样我们才能在一起。评判他人的样子不是任何人的工作，同样，试图把自己塑造成他人的样子，或担心他人评判我们的样子也没有用。我们每个人应与自己的灵魂保持一致，并帮助他人这样做。这样看待事物，有助于我们理解每个人都至关重要。你有没有这样的经历：几乎完成了一个拼图游戏，却发现少了一块？这是个危机预警！

当我们找不到自己在拼图中的位置时，我们会感到艰难。我们可能想知道为什么我们会是现在这个样子。我们可能会拿自己和别人比较，或者觉得自己不够漂亮。我们在更大的整体中看不到自己，这会让我们感到绝望、沮丧和孤立。我们觉得自己很渺小、微不足道，好像我们没有能力掌控自己的生活，也没有存在的理由。

但是当我们完成整个拼图时，我们就感觉自己成为生活的一部分。当这种情况发生时，我们就在与周围的世界交换能量。我们的能量自由流动，而且比以往任何时候都丰沛。

我们每个人都用一生去寻找自己拼图的形状。

我接着母亲那一代人上医学院，只有少数学校接受女性进入医学院学习。我就读于费城的宾夕法尼亚女子医学院，这是唯一一所女子学校，在那里我们被告知，我们必须成为更聪明、更坚强、更优秀的医生才能立足。我的同班同学在第二次世界大战开始时便已行医。

我来到这里，是因为我想给予爱和治愈人们。在我看来，这个国家对战争的关注已经渗入医疗机构，或者说它一直是这样的，而我以前没有注意到。我沿袭了我父母的做法，将身体健康当作一个更大的生态系统的一部分。我不太注重消灭一种疾病，而是对病毒存在的原因更感兴趣。这让我抵触我所接受的教育。虽然我可以理解解剖学、生物学和其他较难的学科，但我对学校提供的诊断和治疗方法感到困惑。并且我上课期间喜欢织毛衣，以保持思维活跃、集中注意力，这让我成为院长最不喜欢的人，院长是思想顽固的老马里昂·费伊。费伊院长对我的看法和我一年级的老师一样，而且她把对我的意见表达了出来。

有一天，费伊院长把我拉到她的办公室，我在那里已经被说教和贬低多次了。费伊院长坐姿端正，穿着清爽干净的白上衣，眼镜挂在链子上，但我看不到她有一点柔软的地方。"泰勒小姐，我建议你去看下精神病医生，我这里给你写了一封推荐信。"

"精神病医生？"我难以置信地笑了。

"我不确定你是否精神正常。"她继续说道。在说最后两个词的时候，她用铅笔敲了敲太阳穴，以表明她的意思。"你似乎一点也不明白医学的意义。你整天在课堂上织毛衣。也许你不是当医生的料。精神病医生将确认事实是否如此。"

"尊敬的费伊院长，我们不是要参与自我教育吗？"我问道。"当我们毕业以后，我们是那些去往医院和诊所的人。我们不是必须真正理解教义背后的概念吗？学校教授的一切都与消除疾病有关，但我们从未谈论过爱如何治愈患者。"

"我担心的是你的观念和想法，"费伊院长说，她紧紧地握住铅笔，"医学需要消除疾病，因为正是疾病夺走了患者的生命，我们的工作是让他们活着。这一切与爱和治疗有什么关系？你太软弱了，几乎像一个护士。你需要坚强，泰勒小姐。你这样永远也做不了住院医生。"

我把嘴抿成一条线，以防吐露任何心声，勉强地说了一声"谢谢"，然后尽可能快地冲出办公室，手里抓着那封可怕的推荐信。

我确实去看了精神病医生，医生认为我没问题，但这一经历使我深受震动。我明白，医疗机构永远不会接受我这个人。回想起来，那一刻我才意识到，我必须以自己的方式在医学上做出成就。

如果我允许，在医学院的四年可能会让我筋疲力尽。我一直专注于目标：我必须始终坚持自己的观念。一旦我成为一名医生，我就可以专注于爱和治愈，哪怕我不得不通过消除疾病才能达到目的。这个想法给了我力量，我和男朋友比尔·麦克格雷交换的信件也是如此，他当时正在美国中部俄亥俄州的辛辛那提医学院上学。

后来我继续进修，我获得了医学博士头衔。我已经在医学界获得了自己的地位。1943年我与比尔结婚，我们毕业后不久就一起进入了私人诊所。

多年来，我对行医的理解越来越深刻。在比尔的帮助下，我开始挑战自己，去超越我被教导的一切信仰。我开始明白，科学界对意识是什么以及意识从何而来并未形成共识。这帮助我接受了一个观点：我们的精神永垂不朽，我们要终身学习，在不同的时代中汲取能量。比尔和我处于一个不断发展的内科治疗运动的中心，他们对医学的精神和灵魂方面感兴趣，今天这方面的信念指导着我作为医生、母亲、祖母和人类在地球上做许多事。这强化了我的信念，我们每个人来到这里都有一个目标，我们每个人的目标都是相互联系的，因为我们的灵魂与其他灵魂相互作用。

这也帮助我了解周围的世界。许多年后，我自己的拼图形状变得更加清晰，我能够更紧密地与我的能量联系起来。我开始更了解我在这里要做的事情——成为一位医生和母亲，推广既新颖又古老的治疗理念。这加深了我对父母所推广的医学种类的理解，并让我更加坚定地质疑现代医疗机构专注于消除病毒这种现象。在我看来，我们的身体健康受到挑战和其他任何事情一样，都是灵魂旅程的一部分。我们的目标不应该是简单地消除病毒，而是让它们帮助我们成长和终身学习。

探索灵魂和医学的交会点是我工作中一个重要的部分。但是，如果我们不知道我们的角色是什么，或者如何随着角色的变化而变化，该怎么办呢？当我们感到有太多事情需要做，我们的精力分散在几个方向时，会发生什么呢？

你应该在哪里倾尽心力

不久前，我遇到了一个名叫安妮的年轻女子，她的支气管炎在不到一年的时间里复发了三次。她带着痛苦的咳嗽声走进我的办公室。我从她的生活习惯开始提问：是否吸烟或在通风不良的地方工作？安妮回复不是那样。然后我问了一些病史：有过敏或呼吸道疾病吗？

"不，没有的事。"她用嘶哑的声音回答。

"你经常用嗓子吗？"

"那要看情况。"她笑着说，这笑声很快变成了咳嗽声。在咳嗽的间隙，安妮开玩笑说："一天二十四小时都用嗓子是不是太多了？"

安妮告诉我，她热爱自己的电影制作工作，但会议太多，她通常到周三就失声了。离开办公室后，她直接前往瑜伽工作室，追寻自己的另一项爱好——她每周有四个晚上要教瑜伽课。

安妮谈到了自己的两份工作，很明显，它们让她兴奋不已。但是安妮知道自己必须慢下来。如果安妮真的对自己诚实，那么她会承认自己其实不像以前那样喜欢教瑜伽。但她已经投入了很多时间和精力，如果中途放弃教瑜伽，她会感到失败。更糟糕的是，她担心如果不把瑜伽作为职业生涯的一部分，她会失去自我。然而，安妮承认，像她那样一周教四次瑜伽课程会让人筋疲力尽，会打乱她的作息，让她没有时间顾及身体。

在我们谈话后不久，安妮将瑜伽教学减少到一周一次。大多数晚上，她仍然去瑜伽工作室，但她开始上瑜伽课而不是教学员。一个月过后，安妮再来见我时，我可以看到她的状态已经好多了。她的声音很清晰，几乎没有咳嗽。我听了听她的肺部，她似乎正在好转。

我问道："你觉得新作息怎么样？"

"真有意思——我原以为会怀念教瑜伽课的日子，但做一名学生要轻松不少。我已经开始上瑜伽晚自习课了，这是一种比我以前教的晚自习课更慢、更温和的练习。于是我有时间在厨房里吃一顿简单的晚餐，这样我就有时间消化了。以前，我会在深夜匆忙吃饭，还未等食物消化就入睡了。"安妮告诉我，她咳嗽少了，感觉呼吸也顺畅了。"我想这有点奇怪，就像我在灵性实践方面倒退了一样。"

我很困惑，问道："为什么那会代表你在灵性实践上的倒退呢？"

"嗯，我以前是个成功的瑜伽老师，现在基本上是个学员。"

我笑了。安妮的回答是这么可爱，也是这么具有误导性。

"安妮，你终于因为教瑜伽而活出了自己的人生，但帮助你探索内心想法的不是学位或身份标签。教瑜伽无法用来判断你是否具备灵性。"

安妮莞尔而笑，她承认了我说的话。

我想起了阿亚，她是文盲，从未学过读书写字。"我认识的一些最聪明的人是理发师或厨房工人，"我继续说道，"你心有余而力不足，而你的身体正试图告诉你这一点。你要感谢身体病症的暗示，它提醒你看到你忽略的地方，你需要看到一切。"

"这很有道理，"安妮在琢磨这个想法的时候慢慢地说，"我想，从表面看来，我要做的事情变少了，但我现在感觉好多了，我不再试图做所有的事了。"在随后的几个月里，她继续改善自己的作息，尽量避免过度劳累，她便可以更好地顾及自己的健康和幸福。

在当今忙碌的文化氛围中，很难找到适合自己的节奏。我们常渴望，我们做的每件事都能取得成功，我们被鼓励从外部来判断我们的成功——我们是否擅长做某事，或者它是否为我们带来财富、声望。但事实上，相对于其他东西，幸福与我们的感受有更密切的关系。当我们试图跟随其他人，做我们认为"应该"做的事情，或者为自己创造一个不起作用的身份时，我们就陷入了痛苦。

许多人在做父亲或母亲的艰难过程中学会了这一点。有些人很享受为人父母的过程，而有些人则为此心力交瘁。

对我来说，做母亲始终是动力的来源。我一直梦想有六个孩子，比尔和我在结婚前就商定了这个数目。在那个女性不常工作的年代，我在外面工作。当"铆钉女郎"的形象首次出现时，我已经进入了医学院。因为我在工作的四年内连生了四个孩子，所以我常被问及计划生育问题。某一天，一个痛苦的病人厉声对我说："你应该是所有人当中最清楚如何停止生育的。"令她感到沮丧的是，她正在接受一名女医生的治疗，该患者带着一些偏见，她可能有点担心我做不好工作。那时，作为镇上唯一的全科医生，我一边忙于抚养我的孩子，一边经营着一家繁忙的诊所。我当时对她的陈述感到震惊，她也许无法想象我选择生下四个孩子，也无法想象我会继续快乐地生下另外两个小孩。但我做到了，而且我总能在附近找到善良的女人并雇她们在我家照看孩子。她们通常比我年长一代，在她们的孩子离家后，她们无所事事也缺乏活力。

有两个不同的能量来源，似乎总把我的精力分散在两个方向。在诊所工作时，我担心家里的孩子；当我待在家照看孩子时，我又会担心诊所的患者。

很多人都有类似的困扰。我们对生活有兴趣并乐意参与其中，但我们通常会感到精力不足，注意力分散在不同地方，我们的每一种兴趣都需要投入时间、注意力和生命力。我们应该在哪里倾尽心力呢？好像我们必须做出选择，但我们是复杂的生物，我们应该接纳这种复杂性。

在我看来，最快乐的人会兼顾多种兴趣。我的儿子约翰是一名牧师，他热衷于捣鼓技术设备，所以他喜欢为教堂演出厅、我的采访和视频电话组装设备。我的儿子与我哥哥同名，我哥哥约翰是一名牧师、猎人兼牙医，他正式退休后回到印度做牙医，在牙科诊所为患者拔牙，医治牙龈脓肿。我的一个好朋友现在是一名职业作家，但喜欢和马一起工作，还喜欢种植蔬菜，也喜欢在教堂唱诗班唱歌。他们都找到了一种适合自己的节奏，用一种兴趣带来的财富来支持其他兴趣，这让他们过上了快乐充实、丰富多彩的生活。

就我而言，我发现母亲和医生两种角色在某种程度上是相互支持的。在那个时代背景下，儿童保健用品并不便宜，但也不会让人倾家荡产。当时，因为我是一名在职医生，很多人认为我不太像个母亲；而很多男医生甚至女护士似乎认为我不太适合当医生，因为我生了很多孩子。我只是继续做对我来说正确的事情，平等地从工作和家庭中获取能量。回到家看到孩子们温暖的笑容，给了我第二天早上回到办公室的动力；而我与病人的交流又给了我继续为孩子们奉献一切的动力。后来，随着我的职业生涯扩展到演讲、写作和启迪人们，我发现我的能量不但没有耗尽，反而越来越多。

就像养育子女一样，我们可以从园艺、运动、户外活动、行动、艺术创作或其他任何活动中获取能量，哪怕它们不是我们的正式"工作"，我这一代人有很多爱好。娱乐经常在户外进行，所以我们必须想出娱乐自己的方法。许多人重新开始学习做饭、修缮房屋、维修汽车、做园艺、写故事、唱歌和演奏乐器，或者练习手工艺，如编织、十字绣和绘画。这样的活动具有创造性，让我们与生命力联系在一起。我们做的事情是好是坏并不重要，重要的是去享受这件事的乐趣。

我注意到，几十年来，人们对此类活动的兴致不断消退。不断接触娱乐和电子设备，让我们很难去做具有挑战性的事。在现代生活的压力下，大家很难重视那些没有经济效益或不能立即解决普适性问题的追求。很多人难以理解做事为什么要有目的。我很高兴地看到，在新冠疫情期间，年轻一代又开始参加具有挑战性的活动。

我所说的年轻人是九十九岁以下的任何人，但特别是那些一二十岁的人需要通过这样的活动来释放压力，因为我们暴露在当今世界实时发生的每一场危机中。我们比以往任何时候都更加清晰地意识到，社会矛盾、社会不公以及我们对待地球的方式会带来危机和隐患。一方面，这是具有巨大价值的信息；另一方面，只有当我们利用这些信息时，它才能发挥作用。如果我们不这样做，或者被危机吓住，进而不敢做任何能给我们带来快乐的事，我们将与生命力失去联系，更不可能做任何有用的事。

当我们从多个地方获得能量时，我们就能够与生活建立更好的联系。一块拼图并不只适合放在一个地方，还适合放在其他地方。拼图的样子，因人而异。正如本章开头的安妮所了解的那样，有时从我们所爱的事物中退缩，会动摇我们的认同感，但这也许是让我们恢复精力的唯一途径。随着我们不断学习和成长，我们逐渐认识到，我们的能量与外部定义无关，而与我们在日常生活中如何表现有关。

安妮的故事也告诉我们，能量来源随着时间的推移而改变。通常情况下，这种经历很自然。我们享受某个东西一段时间，然后找到更吸引我们的东西并继续前行。生活是曲折的，我们的兴趣也是变化的，我们的体能也随着年龄的增长而变化。

当生命真正流动时，给我们能量的东西会随着我们一起进化。有时候，我们努力获取能量的过程，正是推动我们在其他地方寻找能量的原因，比如一名电工大师因为残疾被迫提前退休，结果发现了园艺对自身的修复力量，或者一个电影制片人在新冠疫情早期完全投入当地收容所的志愿者工作。当时，他们认为正在发生的事是一场灾难，但当他们回顾自己的生活时，他们发现生活本身在召唤他们继续寻找能量，这让他们活了下来。事实上，他们决心找到自己的能量——内心的呼唤和渴望，这也是他们重新与生活建立联系的方式。

唤醒内心的渴望

充满能量的生活要求我们表达自己对生活的渴望。然而，当我们初次面对生活时，知道自己想要什么通常是困难的，更不用说大声说出心中所想了。我们告诉自己，也许我们太过贪心，或者我们认为自己不应该有任何渴望。甚至在我们能够明确自己的愿望之前，我们可能对自己想要什么犹豫不决。即使在做出决定后，我们可能认为这是愚蠢或无法实现的。这种犹豫可能会让我们感到受伤或困惑，最终我们可能会说服自己，原来自己根本不想要任何东西。

如果你能够体会这种感觉，请你闭上眼睛一分钟。让你心生欲念：可能是你害怕进行的那次谈话，或者是你认为自己永远无法胜任的工作，抑或是你怀念着来自生命中另一个时期的友谊和欢笑，甚至可能只是一块真正美味的巧克力。你只是单纯地想要。

这就是生命在你体内流动，是生命渴望——生命在呼唤、在期盼、在渴求。我们必须首先承认这一事实。只有这样，我们的内心才能悄悄告诉我们，我们最渴望的是什么。

回想起年轻时的我——那个不识字、在操场上被欺负的小女孩，在狭小的范围内，我想要一些具体的东西：一个新的老师，一双可以阅读的新眼睛，以及一个在学校可以倾诉的朋友。然而，我也渴望更多：我希望能够服务他人。我希望，我在学校遇到的挫折并不会影响我的一生。我希望，尽管我经历生活的坎坷，但一切都会柳暗花明，以一种更好的方式呈现。

正如我在第一章中描述的那样，每天我会从学校步行回到我们在山腰的平房。这条回家的路蜿蜒陡峭，大约有1600米的距离。在路的尽头，我会看到阿亚坐在家外面的门廊上等我。我太想扑进她的怀里了。我想蜷缩在她的披肩里，哭出我在学校所受的委屈，哭出我在学校没有朋友的孤独，我渴望自己在心碎之际得到理解、关爱和拥抱。

在山上，阿亚注视着我。她没有向我走来，但她用眼神呼唤着我。现在我已经是母亲、祖母、曾祖母和曾曾祖母了，我想，我懂阿亚的感受了：既对我的遭遇感到心碎，也深切盼望事情最终会好起来。即使我熬不过去，阿亚知道我会熬过去。每天当我抵达山腰时，她都会把我抱起来，用她的披肩抱着我、摇着我。

虽然我深陷动荡之中，但我仍有足够的精力去渴望阿亚的爱。这种渴望让我有力量抵达山腰，投入阿亚的怀抱。这种渴求让我渡过难关。

如果你现在没有其他东西，你的渴望也能帮你渡过难关。

一旦你唤醒了内心的渴望，就花一点时间和你拥有的能量联系起来，哪怕你感觉自己没有足够的能量。你可能想再次闭上眼睛，或者睁开眼睛深呼吸。对自己诚实地发问：现在是什么让我坚持下去？找到一件给你带来快乐的小事，让自己对它心存感激。这会给你继续下去的勇气。

然后问自己最勇敢的问题。

我现在和我的能量是什么关系？

我需要更多能量吗？

我能去哪里，或者我能做什么来得到能量？

也许你内心深处有某种东西在召唤你去尝试新事物。也许你想找一份能给你带来更多收益的工作，或者从你已经在做的工作中获得更多收益。也许你的能量来自家庭。也许以前给你能量的东西不再适合你，或者你需要更多的东西。我向你保证，无论你是谁，无论你在哪儿，只要你去找，就有能量在等着你。

不管你是已经和能量失去了联系，还是从来没有真正考虑过它，你都可以从做一些让你感觉良好的事情开始。从小处着手。想想你之前确定的事情、坚持下去的事情，并投入精力。或者考虑一个你能在短期内完成得令人满意的项目。你要行动起来，站起来清理你的沙发，或者移植一株植物。记住仅仅为了爱而将爱付诸行动的感觉。

你也可以为别人做一些事情，比如画一块石头，烤饼干，或者唱一首爱人最喜欢的歌。你甚至不需要心中想着某个人，你应相信如果你开始创造和行动，相应的人就会出现。不为别的，每个人都可以把善意的能量传递给他人，为他人的幸福着想，并祝福他人。这些小事可能微不足道，但效果显著。

能量是我第一个幸福秘诀的核心，因为它是我们所有人的起点，也是我们的终点，生活会带给我们越来越多的活力。本书后面的五大秘诀会指导你怎么做。但是现在，当你开始行动时，能量是你需要的一切。

最重要的是，你要意识到寻找能量几乎和拥有能量一样重要。这种探索本身就是生命的延续。即使你没有太多的能量，你对更多事物的渴望也意味着，你或多或少记得什么是可能的。这表明你不仅仅是一个鲜活的人，更是一个生动的灵魂。

自助练习：找到你的能量

1. 花点时间轻轻地把手放在心口。就把手放在那里，让你的胸部感受手的温暖，让你的手感受心脏跳动的微妙节奏。心脏是你的生命，你的灵魂深居于此。每当你与生活脱节时，把手移回你的心脏。这个简单的动作蕴含巨大的力量。

2. 问你的内心："你爱什么？"不要只问答一次，重复问答三次、四次或十次，看看你的答案是怎么变化的。

3. 把手放在心口，回想一下你有目标感的时刻：可能是你在职业上有所成就的时刻；可能是你感觉和孩子有联系的时刻；可能是你承担一个志愿者角色的时刻；也可能是做一些小事的时刻，比如照料一株植物，逗一个孩子傻笑，或者在下午完成一个项目。如果你已经有一段时间没产生这种感觉，不要担心，这种经历不一定最近有，重点是提醒自己如何融入集体。

4. 回想你的童年。想想早期让你感到快乐满足的记忆。那时候你在做什么？你是谁？是什么让你的心灵歌唱？又是什么让你心驰神往？你脑海中可能会闪过一个片段或画面。你的潜意识知道答案，但它可能会以一个符号或一个梦境的形式与你说话。你不需要苛求答案，也不需要通过意识去分析它。让你的潜意识暗示你什么时候准备好了，潜意识都知道。

5. 当你探索这些记忆时，去领会它们蕴含的意义。你真正喜欢的是什么？为什么感到如沐春风？例如，也许你喜欢帮助别人，或者表达自己。也许你对自己的才华感到惊讶，或者你能够以一种你认为有意义的方式完善某件事。

6. 现在想想你今天的生活。做哪些小事让你有同样的感觉？想象自己走向它，探索它。你可以循序渐进地找到你的能量。

7. 当你沉思过后，找一张小纸片，写下一个词或画一个图像——代表你能量的某个方面。把它放在你能经常看到的地方，比如浴室的镜子或冰箱上，或者把它放在你能随身携带的地方，比如你的皮夹或钱包里。这是你的护身符、指南针，它会帮你找到能量。一旦你知道内心的渴望，你就会被吸引着去实现愿望。

秘诀 ② 允许一切发生

生命总是在变化,
当我们试图阻止它变化时,痛苦就会到来。

陷入困境是一种幻觉

你是否有过停滞不前的感觉，仿佛生活无法向前？也许你无法从创伤或心碎中走出来，也许你无法重拾往日易得的激情或热情。也许你在工作中萎靡不振，幻想"逃离"到某个你说不出名字的地方。

无论是什么原因，你都不知道下一步该怎么做，不知道该如何改变，也不知道去看什么医疗专家，甚至不知道该怎么离开被窝。

所有人都会在某些时候感到停滞，这是正常的。我们的能量要流动，我们如何才能获得更多能量呢？

我们能做些什么呢？当世界仿佛与我们擦肩而过，而我们驻足观望时，我们该如何应对？我们在面对生活时，需要接受生活给予我们的一切。当我们感到疲惫或伤心而无法面对接下来的事情时，又会发生什么呢？

为了回答这些问题，让我们先探索"陷入困境"在生理层面上是什么样子。

我曾经治疗过一位睿智且有自知之明的八十岁妇人，她叫特蕾莎，患有严重的肠梗阻已经几个月了。她咨询过其他医生，并尝试了所知道的一切理疗方法，但肠梗阻仍然存在。特蕾莎心烦意乱地走进我的办公室，她显然浑身难受，开口说："我不想这么痛苦地度过余生。"

我们从她的饮食开始谈起，她的饮食习惯并不奇怪也不糟糕。为了解决便秘问题，特蕾莎在饮食上做了很大改变，但这并没有起到什么作用。我们接着讨论她的饮水量和运动频率。我问的这些情况并没有什么不妥，我还问了一些有关日常生活的问题：你的情感状况怎么样？你的社会支持（社会各方面，包括父母、亲戚、朋友等给予个体的精神或物质帮助）有哪些？什么让你感到快乐？什么给你带来了人生意义？特蕾莎似乎回答得越来越不情愿了。我每问一个问题，特蕾莎都会停下来看着我，她的双唇微微抿紧，好像在试图理解我的观点，然后像挤牙膏一样勉强说出答案。

"那你的梦境呢？"我问，"你沉睡的自我有没有透露什么？"

"我的梦境？我的梦境和肠梗阻有什么关系吗？"特蕾莎感到疑惑，倾靠在椅子上，双臂交叉，沮丧地轻轻抓住上臂。她看了我一眼，明确表示不喜欢当下偏离话题的交谈。

从我的角度来看，这些问题都与特蕾莎的肠梗阻紧密相关。当谈及消化的问题时，食物、饮水和运动都会影响到消化。我们的食物至关重要，我们吃的天然食物越多，摄入的纤维就越多，这有助于刺激肠道蠕动，使食物快速通过肠道。饮水也很重要，因为水有助于消化食物，让我们的身体吸收营养，然后促进食物残渣排出。我们的运动也很重要，因为运动能促进肠道及其周围肌肉的血液循环，帮助它们系统地工作。你能明白这里的逻辑关系吗？我们的身体组织之所以在运转，是因为我们生来就是为了运动。

然而，从宏观的角度来看，我向特蕾莎提出的问题触及更宽泛的意义。我们的消化能力象征着我们如何融入这个世界，以及消化是否畅通无阻。我们的想法和情绪也会影响消化。尽管特蕾莎并不想谈论她的余生，但我一直试图了解她的一些过往经历。

最后，特蕾莎承认她最近感到悲伤。当我刨根问底时，她不情愿地说她失去了一个亲近的人，还有其他几个人。在过去的一年里，她失去了五个亲密的好友和家人。特蕾莎一边说着，一边看着天花板，然后又看着地板。特蕾莎会看所有地方，但唯独不敢直视我的眼睛。

我问："你伤心吗？"

特蕾莎疑惑地看着我，说道："我当然伤心啊，我很难过。"

特蕾莎的回答似乎太过简单，她似乎认为悲伤是一种反应而不是一种经历，她把它当作偶然发生的事，而不是我们主动去做的事。特蕾莎的回答戛然而止，就像她的肠道一样卡住了。当我们谈及她的悲痛往事，特蕾莎变得越来越紧张。我看到她的身体状态随着情绪的变化而变化。毫无疑问，特蕾莎的情绪影响了身体状态：她浑身都紧绷着，从她的脸到身体姿势，再到手指，然后到她的声音。

那时她的双臂还没有交叉，但她的双手紧握在膝盖上。我知道，我找到了一个出口。为了搞清楚特蕾莎如何消化食物，我首先要看看她是如何处理那段失去亲友的悲痛经历。

在西医中，我们不会将身体问题与精神或情绪状态联系起来。我们被训练去观察孤立的人体器官，或关注机械呆板的问题，如饮食和感受，而不问病人"你认为肠道里有什么问题"或者"你的生活中还有什么不顺心的吗"。

然而，大家通常都知道，病人的生活困境一旦被问及，病人的回答可能直指要害。

特蕾莎的肠道出了问题，无法正常消化食物。但是有很多方法可以让我们的身体慢下来，甚至完全停下来。你可以想象一个运动员因为受伤而无法运动，经历生命中的一段停滞时期。有时女性的月经周期变得不规律，甚至在生育的年纪绝经。

我们也很容易发现自己陷入心理困境，它往往由创伤造成。我们的大脑有时好像处于一个循环中——实际也如此，我们已经找到并挖掘了一条普遍的神经通路。

我们在潜意识中似乎有一种深刻的认知，即生命在于运动。当事情停滞时，即使我们还不知道该怎么做，它也会如此明显。生命本身总是在流动，所以我们与生命力保持一致，意味着我们必须始终追求内心的流动。

虽然我们的身体进行着自发性运动，但有意识地运动也很重要。

一项关于身体运动和寿命的纵向研究发现,即使每天快走十分钟,也有益于延长寿命。所有医生都会告诉你,运动对克服压力和抑郁都至关重要,因为运动能使大脑释放让人感觉良好的激素,而且从长期和短期来看,运动对身体健康都有极大的裨益。世界各地的研究表明,长寿人群的生活方式包括每天步行,这也证明运动有益于寿命的延长。运动不仅有益于身体健康,也有益于心理健康。运动对情绪和认知都有显著的积极影响。我们必须将运动融入生活。

许多因素对健康起作用,但在很大程度上,科学界所提出的大部分建议只是符合逻辑,任何停滞都会促进紧张。身体变得紧张,会抑制血液循环以及消化系统和神经系统的运转,让我们的身体更难吸收营养。

此外,当我们不释放情绪和滞留的能量时,我们就会损害淋巴系统,淋巴系统是抵抗感染和清除毒素的组织。这就是为什么运动如此重要,也是为什么我经常按摩。虽然血液通过心脏在体内流动,但没有器官来移动淋巴——当我们运动时它就运动,当我们不运动时它就静止。

缺乏运动也会影响我们的内分泌系统,该腺体网络生产激素并将其输送到身体的特定组织。例如,当我们的肾上腺受阻时,我们就会停留在恐惧、愤怒、评判和失望中。我们努力微笑、发出笑声并获得关爱,就可以消除不安。

我知道,愤怒在很大程度上是肾上腺的问题。合理的愤怒是对刺激的快速反应，这证明肾上腺在起作用。但长期过度活跃的肾上腺，通常与一种难以释怀的愤怒有关。停滞的消极情绪可能会引发各种健康问题，让身体更快垮掉。宽恕让生活重新开始，而怨恨让生活停滞不前。从这个角度来看，运动不仅输送我们的血液，也移动我们的淋巴。我们可以将运动融入生活的方方面面，这是一种伦理、一种原则。

事实是，无论我们发现自己多么困顿，生命本身总是在运动。这个理念的关键是无常：生命总是在变化，当我们试图阻止它变化时，痛苦就会到来。

有时候，这意味着让生命在我们身边流动，而不去阻止它。有时候，这确实意味着起床和运动。这适用于身体、情感和精神层面。我们要理解，运动的力量几乎可以让我们渡过所有难关。这是一条神圣的真理——运动可以在我们最困难的时候帮助我们。

前提是，我们意识到陷入困境本身就是一种幻觉。

生命总是向前流动

所有的生命都需要运动，这意味着一切有生命的东西都在运动。

生命在流动，哪怕是在难以察觉的时候。我把这比作亚利桑那州的沙漠，我喜欢这里的风景。我在这里生活了六十多年，比读到这本书的大多数人活着的时间都长。我看到了成千上万次索诺拉州（墨西哥国境西北部）的日落，粉红和橘调在萨瓜罗轮廓后旋转。我看着鹌鹑家族匆匆出没于灌木丛，我看着仙人掌和墨西哥刺木花突然盛开。然而，许多第一次来这里的人和一辈子都不会来这里的人，都认为这里是一个寂静、死气沉沉的地方。他们都错了。

如果你认为这是一片死寂的沙漠，那是因为你没见过雨后的沙漠。

一旦季风气候来临，每天下午乌云就会准时笼罩天空。当乌云从头顶掠过，天空就会打开一个出口，让有生命力的雨水倾盆而下。一场雨最多持续二三十分钟，来得快，去得也快。这时，整个生态系统都开始运转起来。所有的生物一直在那里，都有着活跃的生命力，只是耐心等待时机来临。仙人掌喝饱水后鲜翠欲滴，鸟儿相互欢唱，蜥蜴愉快地跳来跳去，老鼠和其他小型哺乳动物四处乱窜，寻找可以舔食的水坑。在生态系统中，所有生物一直都在，只是我们无法察觉。

我们的生命力就是这样，生命力一直都在那里，一直都活跃着，一直在流动，只是等着我们去发现。

我怎么能确定这一点？因为我知道，一旦我们的能量停止流动，我们就会死亡。这意味着，无论我们感到多么困顿，只要我们活着，我们内心的某些东西就在流动。即使我们静坐不动，我们也有自己的运动宇宙。有些事情不是一帆风顺的，但总是在变化。只要我们还活着，我们的心脏就会跳动。我们的肺吸入空气，然后再呼出。我们的消化系统持续运转，哪怕很缓慢、痛苦。走路、运动和放松是我们的天性。我们在运动，我们体内和周围的一切都在流动。

这个简单的原则在很多方面都适用。我们是情绪和精神的存在，当我们专注于困境——思想、感觉、身份、诊断、观点甚至人时，我们无法茁壮成长，那是因为我们的困境让我们没有生命力。

当我们谈及运动的概念，我们的身体会自然而然地运动。不仅器官、组织和体液天生会动，而且能量也是流动的。这不仅发生在可视层面，如出汗、消化和其他生理反应，而且发生在不可视层面。

孩子们明白这一点，这就是他们好动的原因。我从来都没有停止扭动，一部分原因是我不能停止扭动，另一部分原因是我从没发现这有什么不对。我也从未叫孩子们停止扭动。扭动对我们有好处，这表明我们充满生命力，生命力也通过我们的肢体动作显示。扭动可以活动我们的淋巴、关节，防止我们的肌肉变得紧张。

当我们的身体感到快乐时，扭动、走路和活动是自然的身体反应。反过来也是正确的：扭动、走路和活动可以让我们感到快乐。快走对大脑有益，大脑也不喜欢我们静坐不动。

能量流动的概念在东方已经被研究了几千年，非常微妙。传统中医就是基于能量流动，能量通过经络或贯穿全身的路径往返于特定器官。针灸、指压和艾灸等治疗方法被应用于这些经络的关键点，以疏通、激活它们，促进全身的能量流动。20世纪70年代，比尔和我成为对抗疗法界较早采用针灸的人。虽然针灸是一门古老的科学，有几千年的历史，但西方医学界对针灸还相当陌生，不理解中国人扎针的做法，把它与放血和其他过时的对抗疗法相提并论。他们丝毫不好奇为什么传统中医要做这些事情，一部分原因是他们无法想象，另一部分原因是他们思想封闭，对中国的针灸有偏见。我第一次对针灸有更多的了解，是因为有人回复了我和比尔刊登在我们的通讯期刊《健康之路》上的一封信。一位患者在信中说，他对自己的颈部进行了治疗，颈部的特定症状已消除，但他的脚踝出现了其他的症状，他想知道这一切是如何发生的。

记住，那时没有谷歌可以搜索，没有在线论坛可以咨询，也没有其他任何平台可以发布这样的问题。我们诊所的通讯期刊《健康之路》每月印刷，被邮寄给全球的订户，是许多人获取自然和综合健康信息的最佳途径。我和比尔向其他人打听，但我们还是不知道为什么这位患者治疗脖子会影响到他的脚踝。我们原封不动地刊登了这封信，并询问是否有人可以解释。马上，一位远在意大利的医生写信给我们，说脖子和脚踝的两个痛点都在同一条经络上。

在那之前，我从未听说过经络。我开始用老方法——阅读和四处询问来收集信息。我学得越多，就越觉得它有道理。但是我在当地或通过信件无法获得足够的信息，所以我决定主动去搜寻相关信息。1973年，我和比尔主持了在斯坦福大学举办的美国第一届针灸研讨会，会议邀请了世界各地针灸领域的专家。那时美国第37任总统尼克松刚刚访问过中国，目睹了针灸在一场没有麻醉的阑尾切除术中缓解了疼痛。尼克松总统的私人医生保罗·怀特博士和其他280名医生参加了我们的研讨会。我和比尔是西医学界第一批推动针灸研究的医学博士，我们不断举办会议，邀请来自世界各地的演讲者。此后不久，我开始亲自用针灸来治疗病人，并对其快速的治疗效果感到震惊。

在我接触针灸早期，我陪同一个十几岁的女孩分娩，她对分娩感到恐惧。她很年轻又孤身一人，身边没有伴侣支持。她每次宫缩时都哭，她知道疼痛只会越来越强烈，还担心会发生什么意外。我真的为她感到难过。我还担心孩子会在一种极度痛苦的氛围中出生。我一直主张为爱分娩，虽然我并不责怪这位年轻的母亲，但我知道她和孩子都值得一次更好的体验。

我问这位年轻的母亲，她是否愿意我用针灸来治疗她。虽然她对此持怀疑态度，但还是同意了。我将针头扎入有利于分娩的一组穴位，然后静静地坐在她身边。慢慢地，她的眼泪干了，呼吸也随着身体的放松变得粗重起来。几分钟后，我惊讶地发现她已经睡着了！她每次宫缩都会醒来，然后在下次宫缩到来之前又睡着了，就这样过了好几个小时。我通过连接她的经络，让她的生命力流动。针灸疗法给了她安慰，也让她放松下来。她的能量开始流动，可以抛弃痛苦和恐惧，也转移了注意力。

生命总是在运动，我们只需要注意它。生命在我们的经络中流动，跟随我们的心跳而运动，理解这一点只是一个扩大我们的关注范围的问题。

想象一下，生命像森林里的溪流一样。一棵树横倒在小溪上，形成了一个小水坝，一些树枝把水坝建得较高。在大坝的下游，水流可能会明显放缓，但通常不会完全停止。即使是这样，大坝上游也有水流，这种水流趋势可以从不断上升的水位线上看出来。在某个时候，水流抵达大坝顶部，大坝的两侧形成涓涓细流，绕过大坝，继续奔向下游。如果我们只看大坝下游的水流，我们可能就会认为水流已经停止——但水流一直绵绵不绝。

生命流向生命，一直如此。这意味着，当我们在身体、情绪、处境或其他任何方面陷入极端困境的时候，我们只需要寻找仍在发展的因素。当我们把注意力和能量集中在那里时，我们的水坝周围就会形成涓涓细流。与这股涓涓细流保持一致，将帮助我们与生活重新连接。

当我们这样做了，我们就可以站起来，再次开始行动。一旦发生类似的情况，我们需要做的就是继续前行。

如今，许多人都可以查到步数记录，它会告诉我们走了多少步，我们可以设定步数目标。我也不例外，在新冠疫情漫长的封控时间里，我挑战自己每天坚持走3700步，很多时候我只是在厨房餐桌周围走来走去。直到全球再次开放，我一直保持着步数，最近，我甚至将每日目标增加到3800步！我真是幸运，家里摆满了我周游世界带回的珍品。当我走动时，我可以欣赏这些珍品，从而想起我去过的地方和见过的人。靠墙壁的架子上，摆放着我爬山带回的石头，还有从遥远的沙滩上捡到的贝壳。目光再落到墙壁上，我可以看到家庭成员的照片，照片上有20世纪30年代的父亲、母亲、我自己，以及20世纪60年代我最小的两个孩子邮寄给我的圣诞卡片，还有20世纪70年代我女儿阿纳利亚邮寄给我的高中年鉴，此时距离她离世有四十年。我还看到漂亮的水晶和风铃，还有几十年来病人和朋友送给我的小饰品，以及我在漫长而有意义的职业生涯中获得的荣誉。虽然我待在家里，但我并不感到困顿失意。

这似乎很简单，但也具有挑战性，尤其当我们的身体习惯了不动，我们的抵抗力就会下降，我们容易受伤或者情绪失落。

你可以穿越一切痛苦

在婴儿潮那一年，还没有一个术语来描述年轻母亲的产后经历，她们的身体、大脑化学反应和身份感都被早期的母亲身份束缚，这种情况在今天称为产后抑郁症。但无论这种情况是否称为产后抑郁症，在我和比尔组建家庭的俄亥俄河畔的小镇上，女性分娩后都会经历一段情绪低落的日子，这种情况太普遍了。

俄亥俄河畔的小镇上没什么机会，大多数人收入微薄，很少有人能接受高等教育。此外，那是一个艰难的时代，女性的机会还受到经济发展水平之外的限制。这些年轻女性大多已经达到了对自身的一切期望。她们与高中时期的恋人步入婚姻殿堂并很快怀孕，通常不久会有几个孩子，这是很平常的事。那发生在"避孕药"或者说节育合法化之前，在任何情况下，已婚妇女都希望怀孕并待在家里。我不知道玛丽亚是不是也有这样的想法，我想她也许并不清楚。

玛丽亚找我治疗头痛，头痛让她一天中大部分时间都只好躺在沙发上。这天她带来了两个孩子：一个小男孩在我的办公室里扭动着屁股，他明亮的眼睛凝视着窗外，黑色卷发随着扭动的节奏跳动；

一个小女孩在地板上爬来爬去，在角落里弄脏了膝盖，我为这个脏兮兮的小女孩感到骄傲。正如我对许多病人所做的那样，我开始询问玛丽亚的生活情况。

玛丽亚告诉我，她喜欢时尚杂志，每天大部分时间都在阅读这些杂志，她梦想着另一种生活。虽然玛丽亚的姐姐、表妹和朋友都有类似的情况，并且她们住得不远，但玛丽亚很少与她们联系，随着时间的推移，她们也就不再打电话了。"我感觉自己就是站不起来，"她解释道，"就像有什么东西压着我，这种可怕的头痛会在每天的两三点钟出现。但那时我只好起床，因为我必须在丈夫回家之前打扫卫生并准备好晚饭。"就在这时，她的女儿仰面躺在桌子下，突然坐起来，不小心撞到了头，小女孩顿时泪流满面。几秒钟后，她的弟弟也哭了。

我伸手去抱小女孩，玛丽亚开始去安抚她的儿子，几分钟内，房间里充斥着小孩的哭喊声。我家里有四个小家伙，我对孩子的哭闹情况了如指掌，一点也不烦恼。但看着玛丽亚，我可以察觉到她的崩溃情绪。玛丽亚睁大了眼睛，下巴扭曲后形成虚假的微笑。"嘘，一切都挺好的。"她蹦蹦跳跳地低声说，带着年轻父母特有的绝望。最后，孩子们停止了哭泣——这时候玛丽亚自己却开始流泪了。

玛丽亚用美丽的黑色眼睛看着我，眼里噙满泪水。"哦，格莱迪斯医生，您认为我是个糟糕的母亲吗？"我不认为玛丽亚是个糟糕的母亲，我觉得她抑郁了。

"你躺在沙发上的时候,孩子们在干什么?"我问她。

"您知道,他们还是小孩子。他们会指着一本书里的图片,会依偎着泰迪熊,会按玩具上的按钮,直到有东西弹出来。"

"你会起来看看他们吗?"

"没有。"

"你确定?"

我向玛丽亚解释了大坝和涓涓细流。我给她讲了富有生命力的雨后沙漠。然后我告诉她,她也以这样或那样的方式在行动,只是没有注意到这一点。"我想说的是,你正在行动,你只需要抓住行动要点并继续下去。至少,你在呼吸,你在翻阅杂志。留意那个动作,跟着它动起来。"

玛丽亚感到困惑不解,问道:"什么,您的意思是要把杂志页面翻动得更快吗?"

"不是的,你在翻页的时候,让整个手臂动起来。想让翻页的小动作变成一个幅度更大的动作,你要使用手臂和肩膀。利用这种动力站起来,在屋子里走动,看看外面。你可能会注意到窗外有一只蝴蝶,你被吸引着向它走去,你也可能会看到一些鲜艳的花朵,便走到院子里采摘。在某些时候,你的心情会跟随你的身体变得明朗。你会看到一些美丽或鼓舞人心的东西,进而再次恢复活力。"

玛丽亚眯起眼睛,继续拍打着小孩,她不相信我说的话。

"看你是怎么把那个小孩抱起来的?"我问。她点点头。"振作起来,玛丽亚。你和孩子一样需要振作起来。即使你不能从沙发上起来,也要看看你能否坐在那里持续摇晃一分钟。从摇晃开始。"

小女孩坐在我的腿上脱下一只鞋和袜子,正在检查她的脚趾。我把手伸向她的大脚趾,抓住它,打趣道:"这只小猪去了市场……"她高兴地尖叫起来,知道接下来会发生什么。我用手指轻轻地捏住她的第二个脚趾,然后开始在其他脚趾上这么玩。"这只小猪留在家里。这只小猪吃了烤牛肉,这只小猪没有吃。这只小猪一路'呼呼'地跑回家!"当我给她的肚子挠痒痒时,她摇晃着身体,我们俩都咯咯地笑起来。

我回头看玛丽亚,她在浅浅地微笑,不过她的眼神仍然流露出疑惑。

我轻声感叹道:"做一位母亲不容易。"

她点点头,眼眶又湿润了。

"但是你和他们一样需要玩这些幼稚的小游戏。你需要和他们一起开怀大笑,去接近他们,参与他们的玩乐,倒不是因为这会让你成为一个好母亲,而是因为这会让你生存下去。你必须保持欢声笑语,继续前进,否则永远只能接触脏尿布。"玛丽亚侧身靠着我,我把椅子挪近了一些,然后抱着她,两个孩子被抱在我们中间,她泪如泉涌。

我知道玛丽亚对处境很绝望,所以当我的方案让她摆脱困境时,我和其他人一样惊讶。玛丽亚开始行动,并再次获得生命力。几个月后，当我见到她时，她正和一个表妹去操场散步。她们会推着自己的小宝宝荡秋千，有时甚至自己荡秋千，她们会对身为人母的挑战表示感同身受。最终，玛丽亚开始绘制自己的时装设计草图，在餐桌上自信地表达具有创意的点子。玛丽亚找到了一种与自我和解的方法，既能做好母亲也有精力投入自己的兴趣。

今天，我可能会为像玛丽亚这样的人提供不同的资源。也许一个类似的病人会从有执照的治疗师那里获得心理治疗，或者使用精神病药物来摆脱困境。如果她的头痛被诊断为偏头痛或丛集性头痛，治疗这些头痛的药物可能也有用。她可能会去健身房，让她的内啡肽流动起来，而不是在附近散步。即便今天我们有更多的资源可用时，我们往往也必须动起来才能获得它们，必须唤醒自我的生命力，以便寻求他人的帮助。信不信由你，在房子周围散步，或与小孩子玩"这只小猪"的游戏，比呆坐在沙发上更好。

抑郁症是阴险的，像病毒一样具有侵袭性和隐蔽性。抑郁症悄然而至，直到完全显现出来，我们却不知道该怎么办。一旦这种情况发生，我们需要找到简单的方法重新与生活联结。

我们情绪低落时，可能很难行动起来。我们陷入沉重的痛苦中时，会一蹶不振，很难行动。但是，抑郁症与身体痛苦非常相似，甚至抑郁症可能更痛苦，但运动可以缓解一定程度的痛苦。

我的另一个病人苏西患有风湿性关节炎，每天都生活在痛苦之中。苏西很高兴能怀孕，但我担心她在分娩时会因为关节炎而遭受更多的痛苦。怀孕会给关节带来压力，释放出激素，让关节比原来更容易膨胀，而分娩本身也会增加这些激素和压力。我知道大多数女人最痛苦的经历就是分娩，对于患有风湿性关节炎的女人来说更是如此。苏西想在没有干预的情况下生小孩，不用药物治疗，但我担心她能否做到这一点。

我很幸运地参与了苏西的分娩过程。像任何分娩的女人一样，苏西也很痛苦，而且我知道她比大多数女人更痛苦。人们普遍认为，女人在分娩时常被祝福，她似乎确切地知道该做什么。一些原始的奇迹在我眼前发生了。这个神奇的女人已经习惯与慢性疼痛一起生活，不知为何，她允许自己被疼痛触动。苏西停止了抵抗，让疼痛完全入侵她的身体。

每次宫缩到来，苏西的身体都疼得扭成一团，整个身体都妥协了。我看到她的动作慢慢形成一种节奏，然后演变成一种舞蹈。苏西在房间里慢慢地旋转，她赤脚踩在地板上，像一个古老的女神一样摇摆着臀部，也像一个懂得慈悲的女人。我永远不会忘记，那个不可思议的女人在分娩过程中跳舞，通过与疼痛一起行动来迎接她女儿来到这个世界。疼痛当然是非常真实的，但同时，苏西并没有紧紧抓住疼痛。她让分娩的疼痛变得短暂。通过这种方式，苏西敞开心扉去迎接喜悦。苏西通过健康和充满爱的分娩，迎接孩子来到这个世界，经历短暂的痛苦后，她收获了超然的幸福。

我对苏西的敬佩感油然而生，安静地站在她身后。虽然我在一生中见证了数百次甚至数千次分娩，但我仍然为苏西的分娩而惊讶，这完全是一场奇迹。

苏西正在挖掘比自己更伟大的东西：一种可以追溯几代人的智慧。

科学研究表明，运动有助于缓解多种慢性疼痛。运动让我们的关节保持灵活和健康。运动可以防止我们的肌肉萎缩，因此肌肉可以支撑我们的韧带和骨骼。运动让我们的血液循环。除了疼痛本身，这也让我们关注其他层面的事物。

那么我们感到痛苦的时候应该怎么动起来呢？尽管这看起来有些违反人性，但答案非常简单：我们应该以任意方式动起来。当然，也有例外，比如当我们的脊椎受伤或者骨头正在愈合时。但大多数时候，即使我们不得不保持身体的疼痛部位不动，做其他某些运动也是可以的。运动还能预防抑郁来袭，避免让我们更消沉难过。

恐惧是我们对疼痛做出反应并停止运动的主要原因之一：我们不希望受到更多的伤害。但是由于生命总是在运动，所以运动一直都存在。如果你感到疼痛，就开始深呼吸。注意呼吸如何带动你的腹部和胸部。让你的身体开始随着呼吸运动，让运动的幅度越来越大。你可能会注意到，疼痛随着你的动作起伏。你可能会注意到，这样或那样的运动让自己更容易忍受痛感。你甚至可能发现自己开始站起来，走动幅度更大。跟随走动的感觉，看看会发生什么。谁知道呢？你甚至可能开始跳舞。

如果你生活在慢性疼痛中，你会发现克服慢性疼痛最终会成为一种习惯。如果你的想法倾向于抑郁消沉，一旦你感到抑郁发作，你就可以学会动起来。

　　有时，我们的痛苦有生理原因：我们可能受过伤，或者我们的大脑可能遗传了导致情绪不稳定的基因。有时，是我们过去的经历让我们停滞不前。这就是为什么考虑羞耻感的作用很重要，它是最让人麻痹的情绪。

打破羞耻枷锁

羞耻感是最难释怀的情绪之一，许多人一生都被羞耻感拿捏。我们经常被过去的羞耻感困扰，这种困扰一遍又一遍地出现，哪怕我们希望从未发生。没有什么比羞耻感更能扼杀我们的生命力了。

每个人都会在某个时刻经历羞耻感。当我不知所措地在舞台上摔倒时，我会有一种强烈的羞耻感，这件事令人很尴尬，但它就是发生了！虽然回想起这些意外事件，我仍然会有一点痛感，但我已经学会把它们转化为幽默的消遣，这样做似乎可以化解尴尬。

我第一次在众目睽睽下摔跤，还是在读小学时。我很骄傲地在学校的话剧《青蛙跳过水池》中扮演主角。我穿着绿色青蛙服装站在舞台上，准备迎接那个重要的时刻：成功跃过装满水的盘子。台下观众都看着我。但我在跳跃时出了点问题，我先是听到了水花溅起的声音，然后感觉到了水花。我坐在了水盘里，观众笑得前仰后合，绿色的染料从我的服装上渗出来并流进了水里，我羞愧极了，歇斯底里地当众哇哇大哭。

后来，家人一起就餐时，我的兄弟们讲述了这个故事，我的母亲意识到这是一个具有教育意义的时机。她等我的兄弟们停止大笑后，语重心长地说："好了，孩子们，现在你们已经笑够了，我们一家人可以做些什么来帮助格莱迪斯呢？这样下次她感到尴尬时，就可以和大家一起笑，而不是让大家嘲笑她。"母亲说这些话时充满了爱和同情，因为我很尴尬，并且这种情况很荒谬。母亲没有因为我哭而感到羞耻，但她也没有因为我的兄弟们大笑而感到羞耻。

事实证明，母亲提出的问题自有答案。当我们释放作为池中人的羞耻感时，我们就会意识到其他人已经知道的事情：在一部名为《青蛙跳过水池》的话剧中，主角不小心坐到了水盘里，其实是很有趣的事。如果我们转变对尴尬的态度，它往往会变成别的东西——在这种情况下，那就是幽默。

这个教训让我受益良多，因为这是我第一次在舞台上摔倒。在大学里，我上了一门叫作"公共演讲一零一"的课。每个学生都必须上台介绍自己。由于我和其他女孩很不一样，最近才从印度搬到俄亥俄州，轮到我介绍时，我很紧张。当我走到讲台上介绍自己时，我被台阶绊倒，摔了个四脚朝天。在我摔倒落地的轰鸣声发出之前，还有两个响亮的声音在房间里回荡：我的头撞到桌子的咚咚声；我的裙子裂开到膝盖以上的刺啦声，裙子撕裂在当时有伤风化。想起母亲对我在学校话剧中摔倒的引导，我迅速调整了自己，释怀了我的尴尬。当大家还在震惊地喘息时，我宣称："一个演讲者必须做的第一件事就是引起观众的注意。我叫格莱迪斯·泰勒，希望大家喜欢这场演出！"话音刚落，大家和我一起哄堂大笑。

生活需要翻篇，对此我们可以这样理解：我们意识到什么没有意义时，就放手，看看还有什么可以去尝试。在这种情况下，当我释放了因犯错而产生的羞辱感时，我发现了隐藏其中的幽默。这种幽默给我带来了快乐，而如果我一直停留在羞耻感和尴尬中，我根本不可能收获这种快乐。我必须首先原谅自己的错误，然后能量才能再次开始流动。

这就是我母亲试图教给我的东西。当我坐在水盘里哭的时候，我不是因为摔倒而哭——我是个好动的孩子，我总是摔倒。我哭是因为我认为自己不应该摔倒，我感到羞耻。想想前文描述的玛丽亚和苏西。我在舞台上的羞耻感类似于玛丽亚担心自己不是一个好母亲。这突出了苏西在分娩过程中没有做的事情——她没有坐在那里担心关节炎和难产，以及琢磨情况有些不对劲。那会让苏西在分娩中分神，她需要集中精力生孩子。苏西只是动了起来，让生命和爱流动起来，甚至还发出了轻轻的笑声。

母亲教我在感到羞耻时笑，因为笑有一种不可思议的力量，可以抹平一切伤痛。在人体内，笑可以起到一个重要的作用，简直让人肾上腺发痒。膈位于肾上腺的正上方，肾上腺容纳了我们的反应、恐惧、愤怒、冷漠和仇恨。当我们笑的时候，我们弯曲并放松膈，这让肾上腺轻微颤动，我认为这是一种搔痒。"嘿，你好，"它说，"你感到有压力或不安吗？你有什么想说的吗？"以我的经验来看，肾上腺素通常会因为松弛而释放。

羞耻感是人类拥有的最稳固的情绪。在餐桌上，母亲告诉我，我可以找到一种正在流动的情绪去驾驭羞耻感，而不是被羞耻感拿捏。

现在，如果你认为羞耻感和尴尬等情绪会随着年龄的增长而消失，我可以向你保证，你错了！我现在一百零二岁，还是会有尴尬的瞬间。

在我九十九岁生日那天，我就遇到了一件尴尬的事。当时我把车停在超市旁边，去超市买了一些东西。我以一位九十九岁老妇人该有的样子提着食品袋，步履缓慢地走向停车处。我想这引起了路人的注意，因为一位年长的绅士过来想帮助我。

"您需要帮助吗？"他问。

"哦，谢谢您，我可以做到。"我说。

"真的，我可以帮您。我看起来比较强壮。我八十六岁了！"他自豪地说。

这让我很恼火，我不知道为什么，但确实如此。不知何故，我听到自己反驳了一句令人不悦的话："嗯，我九十九岁了！"我说的时候用挑衅的眼神直视他。

我的反应让他有点吃惊。随后他用友好的语气说了些别的话就走开了。我关上汽车后备厢，坐在驾驶座上，生自己的闷气。为什么我说这种气话？为什么我觉得在与他竞争？他只是想帮忙！"你正在变成一个讨厌的老女人,格莱迪斯。"我心想。我心烦意乱,没法发动汽车。

然后我想,"在这种情况下什么可以被看作有趣的?"突然,我看到两个老人在超市的停车场里互相呵斥。这很有趣!一个九十九岁的老妇人对待一个八十六岁的老先生,就像对待一个年轻的小伙子。这也很有趣!我越看越觉得好笑!我越看这种情况,就越觉得它像喜剧节目中的一个场景:两个脾气暴躁的老年人为了一袋杂货而互相指责。我坐在那辆车里,"挠"着我的肾上腺,直到我的肚子痛。不知怎的,这变得太可笑了,不再令人尴尬。我释怀了羞耻感和内疚感,大笑了一场,然后这件事就这么过去了。

我建议下次你发现自己做了一件令人尴尬的事情时,试着想一想,要怎么把它看作有趣的事。你的错误中哪些地方是幽默的?什么是令人惊讶的?什么是愚蠢的或者可笑的?外人怎么看,为什么会笑?你会惊讶地发现,只要你去寻找,幽默的解释往往很常见。

这个技巧很容易在类似的小事件中发挥作用。但在生活中,我们的坚持通常会让我们做出让人后悔的选择。我们如何才能释怀诸如一段关系结束、糟糕的财务决策、错误的职业选择等重大决定引发的感受?

原谅自己过去不知道或没有做得更好,这也是具有意义的行动。

释怀无关紧要的事

许多人在一生中都纠结于某个想法或某段经历。当真正具有挑战性的事情来临时，我们要认真处理，就像为渡过难关而竭尽全力。然而，有时我们似乎卡在这个处理过程中，无法继续前进。

继续前进和断然否认只是一念之间，我相信，我们都知道两者的细微差别。大多数人都知道，当我们在前进过程中受到阻碍时，我们会反刍，或者用似乎无法释怀的记忆折磨自我。当我们所爱的东西，如一段关系、职业道路或工作项目走到尽头时，我们发现自己在哀叹我们不再拥有的东西，而不是去建立新的连接。这种情况一旦发生，我们有时需要快速释怀。我们需要梳理那些没用的东西，勇敢放手。

大多数人也知道，遇到对我们完全没有好处的事情是什么感觉。以开放的心态面对生活，有时意味着远离对我们不利的事。我们可以说一句亲切但坚定的话"不，谢谢"，然后继续我们的生活。

我母亲对这个原则有着深刻的理解。有一天，当我和姐姐玛格丽特对视的时候，我们都已经是老太太了。我们注意到我们说话时，都会做一个有趣的手势。我们轻轻地将手举在面前,手指放松,掌心向上,然后把手放下来,再收回来,就好像我们在向脚下流动的水中投放花瓣一样。这到底是怎么回事?我们想知道谁开创了这一手势。

随后,我们不约而同地想起来了:那个人是母亲。

母亲会做这个手势,然后说一句印度语"Kutch par wa nay",这句话的意思是"没关系,这不重要"。这就是我们的母亲如何教我们放下的。对她来说,这是一个自然的动作。这让母亲在经受生活的巨大挑战后,依然能正常生活,她只是释放了那些没有用的东西,重新关注对她来说重要的东西,然后继续前进。我的母亲从来不是粗暴或冷酷无情的人,她有很强的同理心。然而,母亲在这个世界上也有重要的工作要做,而"Kutch par wa nay"让她能够坚持下去。

在我的一生中,我发现这是一个有用的做法。甚至在玛格丽特和我还没意识到这是什么的时候,我已经做了很多年。我会意识到一些不适合我的东西,然后放下我的手,通过流畅地打开手指来表示释放它。现在,我会有意识地做这个手势。当我注意到有东西接近我时,我可以选择是否接受它,这是一种巨大的力量。如果它不是我想要的东西,我就有意识地松手,把它放回原处,而不会把它紧紧地握在手里。我认识到宇宙在运动,像往水中投下花朵一样把它放回去。

我似乎从来不缺少练习说"没关系,这不重要"的机会。当我遇到需要感受和转化的情绪时，我也喜欢用这句话。在处理遗憾时，说出"没关系，这不重要"特别有效。

在生活中，我对很多决定都感到后悔，这意味着我有很多机会学习如何原谅自己。我对自己说过的话、伤害过的人和做出的选择感到遗憾。我也曾对我持有的观点感到遗憾，但我会学着去释怀遗憾。

随着我的年龄到了一百多岁，我的知识也增长显著，我希望你也如此，在你的有生之年继续开阔眼界、增长见识。我的观点也发生了变化，这是活在人世自然会经历的过程。

有些事情我过去认为是正确的，现在却认为是错误的。这千真万确。无论你今天的信念有多坚定，当你活到一百多岁，我敢肯定你持有的一些想法都会变！我真正纠结的一件事与我的职业有关。它影响了数百名妇女和儿童，我陪伴他们度过了生命中最脆弱的时刻。

当我参加接生培训时，大家普遍觉得女性应该进入所谓的"朦胧睡眠"以避免分娩痛苦。由于产妇无法用力，医生会用产钳将婴儿取出。

我以这种方式生下我的头两个孩子。我自己也用产钳接生过很多孩子，我甚至很擅长用产钳接生。我这样做是因为有人告诉我，在女性经历了几个世纪的分娩痛苦后，用产钳接生绝对是减轻分娩痛苦的好方法。当时，这似乎是一种富有同情心、以女性为中心的观点。现在我认为，以这种方式欢迎婴儿来到世界，有伤风化，很大程度上没有必要。

今天，虽然我支持女性在分娩时用止痛药，但我觉得不能告诉女性无法自然分娩是错误的。我认识到经历分娩过程的影响力和重要性，无论孕妇最终是否在高度干预下分娩，我都不会建议她们条件反射般地服药。我也觉得婴儿的头被拉出来，对婴儿是一种伤害。

回想起来，我可以为我用产钳接生孩子而责备自己。我也可以为我生头两个孩子的方式而责备自己。我并没有选择用产钳辅助生下后面几个孩子。

这远远超出了分娩的范畴，我可以责备自己哺乳时吃不合适的食物，当时我认为孩子身体健康，但这个想法现在让我感到震惊，或者说我想收回一些话。但是我也可以只说"没关系，这不重要"，我知道当我接收不同的信息后，我会有不同的行为。我已经竭尽所能了。我用爱做出选择，我选择无怨无悔地生活。每个人都会面临遗憾，问题是我们会遗憾多久呢？

在俄亥俄州的那个小镇上，我曾经和一位名叫马修的父亲一起工作，他差点就把自己的新生儿杀害了。他时年二十岁，而他的妻子康妮年纪更小。在康妮怀孕期间，我一直在为她治疗，我知道她已经临产了。但像当地的很多人一样，康妮家人通知我接生时，康妮已经分娩了很久，我花了一些时间才抵达康妮家。

那是工作繁忙的一段时期，当我和比尔开始执业时，我们是镇上六个全科医生中的两个,并且其他医生都一个接一个地退休了。随后,在朝鲜战争期间比尔去服役了。剩下我一个人照顾近九千名病人,还需要抚养四个年幼的孩子。在接到康妮家人的电话时,我正在治疗另一位患者,我花了大约一小时收拾好医疗箱,匆忙赶山路去找康妮的家。

马修惊慌失措地打开门,"格莱迪斯医生,康妮已经生下了孩子,但她流了很多血"。

"谁在流血?是康妮还是孩子?"我问,一边匆忙脱下手套和帽子,一边拿着医疗箱快速穿过客厅。

"嗯,两个人都在流血,但我担心的是孩子。我按计划剪断了脐带,但血液喷涌。"马修回答,他脸色苍白。

我推门走进卧室,看见康妮的脸吓得惨白,她怀里抱着一个小包裹。床单上凌乱地放着分娩时留下的很多东西,床头柜上有一把没合上的剪刀。我伸手去抱孩子,看到包裹孩子的毯子被鲜血染红了。当我剥开毯子,没有人开口说话,婴儿小小的腹部沾满了鲜血,用"喷涌"这个词来形容血流再合适不过了,因为她的脐带已经剪得和皮肤齐平了。这个新生儿像她的父母一样沉默,这让我不寒而栗。

通常情况下,我们在肚脐上 2~5 厘米处剪脐带前,会用手夹住脐带,这有助于关闭脐动脉,脐动脉负责胎儿的血液供应。婴儿肚子上会有一个难看的肚脐残端,几天后会脱落。无论如何,我们都没有必要马上剪断脐带。但马修看到女儿出生后肾上腺素飙升,不知道下一步该做什么,他想到自己的肚脐在根部,就把女儿的脐带也剪到了根部。

我伸手到医疗箱里找工具,拿到了一套止血钳,把它们浸泡在消毒剂里。孩子已经流了很多血,没有时间可以浪费了。马修和康妮互相拥抱着喘气,我跪在床边,在新生儿的肚子上一一探寻,寻找脐动脉。脐动脉很深,我一接触到伤口,婴儿就开始尖叫。当我用止血钳四处探查时,婴儿会发出绝望的尖叫声。当她停止尖叫时,我更加担心了,她因失血过多而变得虚弱无力,没有力气哭了。我花了好几分钟才找到那条脐动脉,婴儿先是尖叫,然后喘气,但我也夹住了脐动脉,顺利挽救了婴儿的生命。

后来,马修试图道歉,但他刚开口,我就让他安静,并亲切而坚定地安慰道:"马修,你用自己掌握的知识做了力所能及的事,你不用再为此感到内疚了,你的妻子和孩子现在需要你。这当然是个意外,你当然不知道会发生这样的事。你没有必要为无法挽回的事而自责。"我一边顺势摆手,一边说:"别管了。你的女儿还活着,她会好起来的,就让这件事过去吧。"我是正确的,几年过后,我得知了马修一家的情况,他们可爱的女儿身体健康。

多年来,我一直难忘那个年轻胆小的父亲在山上的家里独自接生。我祈祷这个错误不会困扰他,因为我相信我所说的:没有必要为一些无法挽回的事而自责。我们能做的最好的事就是释怀,然后继续前行。

我不知道你过去犯了什么错误，但我想说的是，你已经竭尽所能地做出了当下最好的选择。如果你发现自己生活在悔恨中，试着抓住悔恨，看看什么在流动。事情的大部分结果都是好的吗？如果是，那就心怀感恩吧！有什么好笑的吗？如果有，那就开怀大笑！从那以后，你学到了什么新东西吗？如果有，请享受你现在学到的，尽你所能地去释怀遗憾，原谅自己；如果有必要，也请求别人的原谅，这样你才能继续向前。

有时候，我们会发现一个简单的举动就能让一切变得不同，比如说出"没关系，这不重要"。但在某些情况下，我们对遗憾、痛苦或困境耿耿于怀，这是因为我们心中有障碍需要清除。

明确自己想要什么

在生活和身体健康层面,有时当障碍真正消除了,我们的伤口才会愈合,我们对此通常会有深刻的认知,比如当我们正在吃的某种食物、我们正在维持的某段关系或者我们正在经历的某种生活模式需要消除时。

在很多情况下,这只是一种信念。我的病人尚蒂就是如此。尚蒂怀孕了,她想要在没有人工干预的情况下自然分娩。尚蒂是一个经验丰富的冥想修行者,她提前做了大量的冥想和精神工作,为分娩做准备。问题是尚蒂没有进行任何身体锻炼,我和助产士芭芭拉·布朗让她进行了一些身体锻炼以促进分娩。临产时,她在宫颈扩张1厘米时感到虚弱。她的宫颈开得不够大,不足以分娩,在她经历几个小时的宫缩后,我担心她身体太累以至没法继续分娩。

尚蒂不接受我和芭芭拉的很多分娩建议,就像她不接受分娩的干预措施一样。说得好听一点,她是一个喜欢按自我意志行事的人,每次都是如此。我觉得尚蒂的思想就像她的宫颈一样无法打开。虽然我想帮助尚蒂,却感到沮丧,所以我决定行动起来。我离开病房几分钟，去梳理我的想法，而芭芭拉则协助她分娩。我在走廊里踱步时，时刻关注着病房里的声音，以防她的分娩出现问题。我发现自己在想：生命在哪里流动？我在哪里可以与已经发生的流动合作？

芭芭拉知道我不知道的事，她记得尚蒂喜欢吟诵。吟诵是尚蒂冥想修行的部分练习，所以芭芭拉建议她们一起开始吟诵。在外面的走廊上，我听到她们的声音从卧室里传出来："莲花开门，莲花开门。莲花开，莲花开。"芭芭拉找到了让病人开放思想的领域。芭芭拉意识到了障碍：除了要做尚蒂的精神工作，还要做她的身体工作。因此，芭芭拉不再关注尚蒂的分娩障碍，而是让能量流动起来，然后尚蒂的宫颈慢慢打开了。尽管宫颈已经完全打开，但是尚蒂不想用力。于是芭芭拉把吟诵词改成了"向下，向外"，推了几下，婴儿露出了脸。不久，尚蒂抱着一个健康的婴儿——如她所愿，完全没有医疗干预就分娩了。

记住，当我们发现自己被困住时，我们需要寻找大坝周围的细流。对尚蒂来说，她了解并喜欢的吟诵，让她有了转变。在那次转变中，尚蒂发现了能量的流动，阻碍她的东西才得以释放。

有时候，阻碍我们的事情要求我们做出重大改变。多年来，我的朋友伊丽莎白·罗斯一直在为自己想要的东西而奋斗，最终她消除了自己的心结。她放弃斗争，远远地搬到了另一个州。

伊丽莎白和我共事多年，她的背景与我相似。伊丽莎白出生于瑞士，后来进行了关于悲伤的开创性研究并发表了研究成果。她的突破性畅销书《论死亡和濒临死亡》于1969年出版，至今仍在印刷。该书概述了悲伤的五个阶段，伊丽莎白将其解释为我们在悲伤时经历的非连续阶段。

20世纪80年代，伊丽莎白为那些艾滋病患者的悲惨死亡动容。当时，它被称为"艾滋病危机"，艾滋病患者会遭受周围人投来的异样眼光，因为他们当中许多人是同性恋。早期，也有许多儿童感染艾滋病，要么是通过输血感染，要么是通过母婴感染，要么是通过性虐待感染。伊丽莎白在弗吉尼亚乡村买了房，她想在新房子附近为感染艾滋病的儿童开设一家医疗关怀中心。许多感染艾滋病的孩子被父母抛弃了，伊丽莎白认为这是不合情理的。

但是伊丽莎白的一些邻居非常厌恶同性恋，他们甚至不同情这些患有艾滋病的孩子。他们认为艾滋病是同性恋的同义词，担心公开同性恋身份的人会搬到弗吉尼亚并扰乱那里的社区。其他人只是不想自己感染艾滋病，他们没有通过合理的宣导来了解艾滋病的传播途径。伊丽莎白争取开设医疗关怀中心，但她失败了，社区从未完全接纳如此前卫的行为。

我记得，伊丽莎白和我谈过这个问题，社区反对她开设医疗关怀中心，这让她火冒三丈。伊丽莎白为社区仇视同性恋而感到不安，这种偏见对我们两个人来说都没有意义，她觉得更可笑的是，他们的恐惧和仇恨蔓延到一群与同性恋无关的病童身上。但伊丽莎白还是想留在弗吉尼亚，她决心在这个社区找到出路，甚至希望引领其他可能搬到这里的进步思想者。

然后奇怪的事情接连发生，伊丽莎白觉得有人在对付她。在伊丽莎白尝试开设医疗关怀中心的几年里，她的担忧得到了证实。首先伊丽莎白的家和办公室被盗，她在教学中心的标牌上发现了弹孔。有一天晚上，她不在乡镇里，有人潜入她的房子，杀害了她心爱的宠物美洲驼，还放火把房子烧成了一片废墟。

伊丽莎白受到了巨大的打击，尽管她试图忽略社区对她的敌意，但她知道是时候离开了。在伊丽莎白生活的地方，努力做自己，主持关于悲伤的研讨会，伸张很重要的社会正义，都太难了。伊丽莎白厌倦了，她发现证明自己其实很平凡，也没那么可怕，所以她卖掉了房子，搬到了斯科茨代尔。

从某个角度来看，这是对侵略的悲剧性回应，但我不这么认为，伊丽莎白本人也不这么认为。尽管社区那些人的恶劣行径伤害了伊丽莎白，也让她感到愤怒，但她没有逃避他们。相反，伊丽莎白勇敢地将失去一切作为信号，它表明有更美好的东西值得去期待。由于她的房子被烧毁时，她正在旅行，因此她所有的东西都装进了一个手提箱。伊丽莎白认为这是一个机会：重新开始，获得新生，尽她所能地摆脱困境。

有时候你搬到某个地方，然后意识到那个地方不合适。有时候一份理想的工作会变成一场噩梦。有时候一段感情无法挽回，需要及时止损。这些都是你人生中的重大决定，没人能替你选择。在你的生活中，只有你自己知道逃避和奔赴美好的区别。唯有你确切地知道：你是在逃避困难的事情，还是简单释怀那些没有意义的人和事。

在伊丽莎白搬到斯科茨代尔的几年里，我和她从同事变成了亲密的朋友。弗吉尼亚的纵火案一直没有解决，虽然这仍然是伊丽莎白的痛处，但她在亚利桑那州发现了许多美好。伊丽莎白成为这个社区的活跃分子，并继续为艾滋病患者辩护。伊丽莎白做出改变，放下以往不愉快的经历，继续生活，消除了心结。

伊丽莎白专注于创建理想的社区，是这一过程的关键。伊丽莎白曾希望在弗吉尼亚的农村，聚集有先进医学思想的人，那里与她在瑞士的家乡很相似。一个类似的社区已经在亚利桑那州形成。伊丽莎白通过专注于想要的社区，明确了想法，当她要永远离开弗吉尼亚时，她清楚该去哪里。

我们要明确自己想要的是什么，这有助于我们的能量重新流动起来，帮助我们准确地了解有效的行动和无效的行动分别是什么。最终，即使伊丽莎白遇到暴力事件和困难，这种能量流动也会让她获得自由。

对伊丽莎白来说，她所梦想的社区，开始在大坝周围形成涓涓细流。

转移你的注意力

我之前提到，生命总是在流动，大坝周围总会形成涓涓细流。

当我们专注于涓涓细流时，我们开始注意到生命的自然流动。当我们经历身体、情感或精神的痛苦时，我们开始释怀羞耻感，甚至可能对此一笑置之，我们会同时释怀让我们感到羞耻和对我们无益的人或事。涓涓细流开始积蓄力量，最终冲垮了阻挡我们的大坝。我们会把不可能变成可能，我们发现自己正在以我们从未想象过的方式迎接生命力。

悲伤往往就是这样。悲伤和抑郁不太一样，悲伤会流动，而抑郁会停滞。当我们让悲伤流动时，我们不去压抑悲伤；相反，我们要专注于对所失之人或物的爱，让痛苦流过身体。我们的目标不是摆脱悲伤，或让悲伤更快地消失，也不是永远陷入悲伤之中。然而，一旦悲伤脱离了流动的原则，我们的悲伤就会积压于心。正如伊丽莎白的重要研究向我们展示的那样，我们必须在各个阶段之间不断流动，让我们的真实和悲伤流动。

你如何帮助那些似乎陷在悲伤中的人？首先创造一个安全的空

间，让对方开口说话。每隔一段时间，只用这种方法就能让大坝决堤。

特蕾莎就是这种情况，她患有肠梗阻，我介绍过特蕾莎的例子。我真的好奇她最近亲人离世的经历，所以我开始问她的悲伤过程。一年内失去五个亲友是一件大事。任何经历过的人都会感到悲伤。所以当我问她是否悲伤时，我想知道悲伤对她来说意味着什么。

"嗯，"她说，"我为此感到非常难过。"但是我知道这还不够。我坐在那里，安静地听着。特蕾莎沉默了好长一段时间。

"不过，我没有哭过。"她回答，并第一次直视我。我感觉，她在评估我是否可靠。我凝视着她，试图让她相信我是可靠的，并创造一个可以让她发泄情绪的安全出口。

尽管如此，我们还是坐着。我默默地示意，我们拥有世界上所有的时间。

突然，特蕾莎的肚子发出的咕噜声，穿过喉咙，传入她的口腔，我看到了她恐慌的表情。然后她开始抽泣，嘴里发出呜呜的声音，几乎就像呕吐。我伸手去拥抱她，我们坐在一起，她接受了我的拥抱。在我的怀里，她呜咽着。

看着特蕾莎抽噎，我能感觉到她在释放内心的悲伤。她整个身体开始颤抖，因为抽泣感动了她。然后不可思议的事情发生了。是的，她很伤心，但我觉得她充满了生命力。

久而久之，特蕾莎开始平静下来，她坐到自己的座位上。我给她一张纸巾，她接过了纸巾。然后她端着水杯抿了几分钟，身体微微颤抖。我感觉房间里既平静又有力量，就像亚利桑那州的雨后。我们都知道发生了一些不可思议的事情，那是一些她迫切需要做的事。

在我们那次会面之后，特蕾莎的慢性肠梗阻立即消失了。似乎只要她的情绪状态发生了转变，她的身体就能够自我修复。特蕾莎回家后发现，她的消化和排泄又变得有规律了。事实证明，特蕾莎首先需要流泪去释放悲伤，接着，她的其他身体部位才能跟着有所变化。

这是一个清晰的例子，说明当我们试图停止生命之流时会发生什么。首先我们会变得非常不舒服，然后我们开始痛苦。我们的肌肉不能动弹，我们的器官停止健康运转，然后我们会生病。我们与生活错位，因为生活在变动，而我们专注于静止。我们坐在那里，凝视着阻挡生命流动的大坝。

当我们凝视大坝时，我们没有注意到大坝周围形成的涓涓细流。

你要去找那条小溪，或者至少找到细流开始的地方，去给予它能量。把你所有的生命力放在那里，集中精力在大坝周围找到一条路。全然地相信它。这是生命力在你身上流动。只要你还活着，你的生命力就在流淌。

当你凝视着这股涓涓细流，它就会变得有力量。你的生命力会告诉你如何让细流壮大。看着涓涓细流汇成一条小溪。把你的注意力放在那里,直到大坝摇晃、裂开、崩塌,当它发生时,你要对生命力满怀感激。当你的生命力增强,你要让自信心浑身流淌。

下次你觉得陷入困境了,你能做什么呢?让事情顺其自然,重新适应生活吧。

自助练习：放下

1. 如果你站起来走动，这个练习的效果最好！放一些欢快的音乐，在你的房子或社区周围散步。一边散步，一边让你的身体松弛、自由地摆动，你甚至可以让自己跳舞。

2. 当你开始走动起来，去考虑让你陷入困境的事。它可能是一段友谊，一次求职经历，一种认同感，一种思维方式，一种怨恨等；也可能是身体上的状况，只要你不以这种练习方式代替药物治疗，比如你无法解决的持续性咳嗽、皮肤干燥或慢性疼痛。让停滞的感觉笼罩你，去感受全身的僵硬感。

3. 然后想象你可以把这个陷入停滞的痛点握在手中。你甚至会感到一只拳头变得很紧。保持这种紧绷感。握紧你的手。

4. 当你仍在走动时，伸出手，掌心向上，手指并拢。然后把手放下来，再收回去，稍微张开手指。让手臂的重量顺势把手带下来，让生命本身流动。你这样做，就像把花儿放到水里一样，释放困境，让它真正流走。你可以想或说一些对你有意义的话，如"没关系,这不重要"这类话语。

5. 一旦你放下困境,花点时间感激生命的能量在你身上流淌。这是你的生命力,请尊重并珍惜它,生命力将伴随你的一生。

秘诀 ③
相信爱的力量

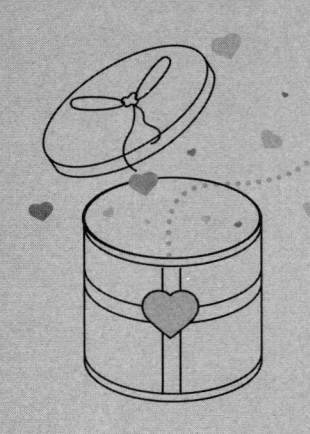

跨越恐惧,进入爱意涌动的世界。
爱有能力治愈我们的身体和心灵。

爱和恐惧

苏珊是一位年轻的小学老师,几年来一直是我的病人,她遭遇了一场可怕的车祸,背部多处骨折。苏珊幸存下来似乎是一种奇迹。在三十出头的年纪,苏珊就受到许多人的爱戴,然而惨遭严重的车祸,威胁到她原本一片光明的前程。

我知道,苏珊的主治医生把她照料得很好。然而,我也知道苏珊需要更多支持,所以我来到医院看望她。我走进病房,发现苏珊一动不动地躺在病床上,全身裹着石膏。苏珊全身能动的部位只有眉毛、眼睛和嘴巴。苏珊可以说话、吃东西,还能四处张望,也只能这样。苏珊被告知不能再走路了。苏珊的哥哥是一名骨科医生,他已经证实了这一点,并补充说她坐轮椅的可能性也很小。

我第一次走进苏珊的病房时,很快被苏珊及其家人的无助感震撼。他们怎么能不感到无助呢?我扫视着苏珊全身石膏的轮廓。石膏从她的下巴一直延伸到胳膊和腿部。病房里摆满了鲜花和卡片,卡片上写满了她的朋友和学生的祝福,不过她现在无法给学生们上课。很明显,此刻任何欢呼都是做作的。不可否认的是,苏珊的情况很糟糕，她平时乐观向上的精神正在遭受摧残。

环顾苏珊的无菌病房后，我相信医疗团队在全力照顾她。西医非常擅长治疗惨遭车祸的患者，尤其是急性损伤和其他紧急情况。苏珊的医生已经将她的骨头放到正确的位置，还用石膏固定，以保护她脆弱的脊柱，这样脊柱就有机会愈合。然而，我不太认同他人给苏珊的建议，这些建议表明她不可能恢复完全正常的生活。我更担心的是，苏珊的亲哥哥也那样说，他当然分享了他最先进的医学知识，但也最有可能影响苏珊的想法。我理解苏珊哥哥的意图：不美化苏珊的病情，或不让苏珊萌生虚假的希望。然而，我很难相信苏珊真的就这样无法完全恢复。

是的，苏珊受到了很大的伤害。是的，苏珊的脊椎遭受了极大的创伤。是的，苏珊的处境危险。然而，我不认为此时是宣布她不可治愈的时机。苏珊年轻而活跃，充满了生命力。在这种令人绝望的情况下，我们怎样才能引导苏珊逐渐康复呢？我拉过一把椅子放在她的床边。

我静静地坐在苏珊身边，感受着她的恐惧和悲伤，没有抵抗她的负面情绪。苏珊说了一些话，我认真地听着，好让她安心地讲述创伤和恐惧。我知道她信任我，所以我非常爱她。像对其他人一样，我提醒她，她是多么受人爱戴，她的生命对她所接触的许多人是多么重要。

然后，当时机成熟，我问道："你认为我能帮你什么吗？"

通过这个简单的问题,我提醒苏珊,她在身体康复的过程中发挥着作用。这是我第一次尝试让她走出恐惧,回到正在等待她的爱中。

为了理解接下来发生的事,我们首先要理解爱和恐惧之间的关系。读到这里的人,大概很少会像苏珊那样遭遇事故并处于危险的境地。然而,许多人都体会过躺在病床上的感受——恐慌和无助。当一切似乎都对我们不利时,我们能做什么呢?当我们觉得无法改变处境时,正确的反应是什么?当我们感到完全无助时,我们该如何行动?

当我们收到"坏"消息时,恐惧是一种自然反应。此时此刻,事情进展得并不顺利。不仅如此,我们还经常想知道情况会恶化到什么程度。恐惧是可以理解的,但如果我们停留在这种恐惧中,我们会把所有可能帮助我们解决问题的东西拒之门外。恐惧破坏了我们的理智,让我们无法看清事实。

这就是为什么集体生活的一个目标是学习如何跨越恐惧,进入爱意涌动的世界。一旦我们这样做了,我们不仅是在自己的能量中行动,也是在帮助其他人这样做。无所畏惧的人对周围人是一种激励。我指的不是冒失鬼,而是以开放心态对待生活的人。这样的人会激励他人,因为超越恐惧会让我们重新拥有爱。

医学常常低估爱的力量。"爱的力量"这个词司空见惯,甚至听起来有点虚伪。爱是一种难以描述的东西。我无法向一个没有经历爱的人解释爱，就像我无法向一个生来双目失明的人解释绿色一样。然而，我希望你已经在生活中体验了爱，并且感受到爱的作用。我希望你有机会知道爱是如何席卷一切，改变一切，压倒一切。这并不虚伪，也没有夸大其词。爱真的是世界上有史以来最伟大的灵药。爱将生命从被动状态（活着）带入主动状态（真正地活着）。我们的生命力是由爱激活的。

爱有一种非凡的能力，可以改变它所接触的一切。爱可以把劳动从苦役变成幸福，把笑声从残忍变成快乐，将空洞的声音变成可以接收的信息。当爱存在，一切变得皆有可能。

为了让爱发挥作用，我们首先要理解爱和恐惧之间的关系。

当恐惧出现，爱就会出现，反之亦然。我朋友塞西尔的小儿子怕水，这个小男孩倾向于用鼻子吸水，害怕洗澡和游泳。他向母亲解释道："水会流进我的鼻子里！那我就不能呼吸了！"

塞西尔不知所措，她联系了一位游泳教练，该教练专门研究这类心理创伤。游泳教练通过教孩子在水下哼唱，用一次课程就解决了问题。塞西尔坐在我对面的客厅沙发上陷入了沉思："这竟是如此简单的道理，只要他一直哼唱，他就不能吸水，如果喘不过气，他就知道要浮出水面了。"

一方面，这个小男孩是对的，当我们吸水时，我们不能呼吸；另一方面，我们的呼吸把水挡在外面。如果我们养成了游泳吸水的习惯，哼唱就是完美的解决方案。

这正是爱和恐惧的协作方式。爱驱散恐惧，但爱也被恐惧阻挠。爱和恐惧经常相伴而生，不断地互相拉扯。如果恐惧是我们的习惯，练习爱是明智的解决办法。这种实践将带我们走得更远，因为爱永远比恐惧强大。正如身体为呼吸空气而生，我们也为爱而生。尽管消除我们的恐惧很好，但更好的办法是专注于我们的爱。我们为爱付出的任何努力都会自行延续，给我们的生活带来健康、快乐和幸福。

另一个例子可能更有助于解释爱的力量。几十年前，我和比尔带着孩子去新墨西哥州南部的卡尔斯巴德岩洞游玩。这一系列岩洞位于沙漠深处。虽然岩洞上面的沙漠酷热难耐，但岩洞深处的寒冷令人震惊甚至不舒服。岩洞里漆黑一片，像如墨的夜晚。

当我们参观岩洞时，导游让我们关掉手电筒，这让我们兴奋不已。我们一个接一个地关掉了手电筒，黑暗笼罩整个岩洞。黑暗使其他一切声响都变得尖锐，我们可以听到自己的呼吸声，孩子们紧张地咯咯笑，他们的声音在偌大的空间里回荡。

然后，导游点燃了一根火柴，火焰集中在火柴杆上方两三厘米处，当火焰照亮整个洞穴时，我们惊奇地倒吸一口冷气。

许多人都谈到光明战胜黑暗的力量，比如甘地、安妮·弗兰克和马丁·路德·金。这么多人提及它是有原因的，它解释了一个真实而非凡的现象。正如我和家人所见证的，它无须太多解释。无论有多么黑暗，光明都会战胜黑暗，光会照亮整个空间。光明拥有强大的力量，只要有光亮，黑暗便被驱散。

当我们观察黑暗和光明或者吸气和呼气时，我们在任何特定的时刻只能关注其中一个。这意味着在我们的一生中，我们基本上都面临着一个选择：我们将注意力是引向爱还是引向恐惧呢？

做出选择

多年来,我一直支持整体医学,我发现最难解释关于选择的想法——甚至当我们面临最大的挑战时,我们总能做些什么。在最坏的情况下,这听起来像是责备。你可能会想,"我没有选择去看病情诊断结果"或者"我爱的人没有选择失业",你是对的。绝对是这样。我当然不认为是自己导致了生活中的重重困难。我也不是身体患病的原因,如佝偻病、疟疾性肝炎、肾结石和癌症(两次)。我们有选择的权利,这并不意味着发生的坏事都是我们的错。但是,当我面对一件事情时,我有机会选择做什么和怎么做。即使我们在黑暗中迷失,我们每个人也可以选择如何开拓前进之路。从这个角度来看,选择就是授权。选择会让我们振奋,它不会拖累我们。

在某种程度上,选择是自发的行为。我们经常选择恐惧,甚至还没有意识到这一点。无法控制的事件给许多人带来了创伤。他们不想因创伤引发的痛苦而受到责备,事实上,我无意为此责备他们。

然而在一定程度上,我们可以控制痛苦。当我们无法控制的可怕事情发生时,我们会很自然地陷入恐惧中——但事实上,我们保持多久的恐惧，在某种程度上取决于我们自己。我们如何看待自己的创伤，如何向前一步，以及在未来的几年或几十年里创造什么，都有待我们去选择。这包括考虑我们是否需要治疗已经产生的创伤，或者以其他方式处理它们。在任何情况下，我们都可以有意识地决定我们恐惧多久，以及如何在爱上投入精力。

我们做选择的时候，我们的无意识反应可能会拉扯我们。1955年，我们搬到亚利桑那州后不久，比尔在一次医学会议上遇到了一位名叫米尔顿·艾瑞克森的心理学家和精神治疗师。艾瑞克森大约比我们大二十岁，和我们一样对现代医学尚未完全探索的领域——无意识的作用感兴趣。

意识包含我们在任何特定时刻感知的东西。潜意识扩展了意识，包括我们想到、想象或记住的东西，只要我们注意到它们。但是无意识包括其他一切：我们假设的、相信的或已经忘记的。无意识包括我们无法解释的自动反应。

艾瑞克森特别感兴趣的是，如何在临床环境中使用催眠来改变无意识，从而影响病人的日常生活。他认为，尽管意识和潜意识可以被意志引导，但只要无意识保持不变，治疗或精神病学的任何进步都只能产生有限的效果，因为人们很可能会回到他们过去的行为模式中。

每周二晚上，艾瑞克森和比尔在我们家的客厅主持一个小组讨论。这是我们在亚利桑那州医学界建立联系的开始。像我们一样，艾瑞克森相信病人可以在治疗中发挥积极作用，在这种情况下，把病人的意图引向他们无意识的信仰和导致他们痛苦的事件。艾瑞克森的哲学后来形成各种方法论，如家庭系统理论和神经语言学程序设计，在他离世后进一步发展其理论的专家通常被称为"艾瑞克森主义者"。甚至艾瑞克森在研究的初期，就坚信过去发生的一切几乎都可以治愈。只有当有意识的头脑被引导着做出改变时，疗愈过程才能开始。

明白我们是最终做出选择的人，有助于我们定位和引导我们的生命力，因为在巨大的恐惧中，我们常常忘记自己有多强大。当我们面临健康挑战时，我们忘记说"你好，亲爱的身体，你需要什么"；当生活给我们带来损失或不确定性时，我们会忘记问"好吧，现在我该怎么办"。这样的问题有一种改变的力量。它们激活了我们的好奇心，打破了我们的恐惧，驱散了我们无助的想法。它们让我们重新认识到，存在于我们内心的生命力在本质上是爱的生命力。

爱有能力治愈我们的身体和心灵。就像我们的身体生来就能治愈一样，我们的心灵也能。我们都知道，有人经历巨大的情感创伤后依然痊愈，他们的故事可以给我们提供治愈自己的灵感。我的这本书包含许多这样的故事，你也可能有一些自己的故事。

例如，我讲了伊丽莎白的故事。伊丽莎白对镇上的人非常生气，他们阻止她开医疗关怀中心，将她排斥在社区之外，后来甚至枪杀了她的宠物美洲驼，烧毁了她的房子！在这种情况下，伊丽莎白如果请求法律援助，完全可以追究他们的罪行，但她没有这样做，也没有人被追究责任，她需要凭借外在的帮助来治愈所发生的创伤。伊丽莎白面对失控的局面，允许自己说出"不要紧，没关系"，然后继续前行。这绝对是一种选择，伊丽莎白选择爱她自己和生活，她愿意选择爱与释怀，而不是恐惧、愤怒和痛苦。

这本书里的每一个故事都蕴含了这样的选择。我们必须明白，在任何情况下，我们都可以选择。我们生命中的每一秒都是一个机会。当我们真正接受这一点，我们就能获得等待我们的爱，这就是为什么选择是去爱的第一步。而所有的爱都建立在自爱的基础上。

面对恐惧，怎样才能找到爱的勇气呢？就像伊丽莎白的故事告诉我们的那样，让我们从自爱开始。

自爱的作用

五十年前开始谈及自爱时，我认为自爱是一种更具革命性的想法。今天，自爱是一个更自然的词。然而，了解自爱是一回事，真正去实践它又是另一回事。

只有当我们知道自己值得被爱时，我们才会爱他人。除非我们相信自己值得被爱，否则我们不可能爱任何人。这就是为什么我们选择爱而不是恐惧，这也是我们首先要努力的地方。那么，是什么阻碍我们认识到自己值得被爱呢？

在某些情况下，我们会被无意识的信念束缚。我们当中的许多人，包括我自己，都在混淆自爱和骄傲的文化中长大。我们把爱拒之门外，因为我们无缘无故地认为我们不值得被爱，或者接受爱是不道德的。你可能听过"骄兵必败"这个成语，它经常被误解。通过虚假的借口形成的骄傲，肯定会让我们跌倒，比如认为我们比别人更好、更重要，或者我们的贡献更有价值。但是自爱根本不是骄傲。自爱是感激我们被赐予生命。当我们拒绝爱自己的时候，我们也将爱拒之门外。我们在接受爱的过程中，需要一点点地消除这些错误观念。

　　自爱是所有爱——我们给予的所有爱和我们接受的所有爱的基础，这一点至关重要。虽然今天的大多数病人说他们理解这一点，但当我开始询问他们时，很明显他们内心深处实际上并不确定自己是否值得被爱。许多人基于过去的经验持有无意识的信念，这种信念凌驾于他们有意识的思维之上。这正是为什么我们需要有意识地将爱引向自己。

　　现在你可以花点时间问问自己：我真的相信我值得被爱吗？尽管我的身体有缺陷，但我相信自己值得被爱吗？即使我在一生中犯了很多错误，我也相信自己的灵魂值得被爱吗？我是否尊重自己，钦佩自己，信任自己，为自己感到骄傲？

　　即使你的回答没有想象中那么坚定有力，那也没有必要害怕。现在学会好好爱自己，都不会太晚。我一生都在学习自爱，我也越来越会爱自己了。每次遇到困难，我都有机会通过实践来加强自爱。我在九十多岁时，被诊断出乳腺癌，我又多了一个机会来练习自爱。

　　我曾在1961年被诊断出癌症，那时比尔和我刚刚因为整体医学而声名鹊起，而我的甲状腺上长了一个蛋形肿瘤。在我第一次注意到肿瘤的几周内，它已经长到两三厘米。我最大的孩子当时已经十几岁了，而我最小的孩子才一岁。我不确定是采用对抗疗法还是尝试自然疗法，所以我希望梦来告诉我该怎么做。

　　很快，我就梦见了可以帮助我的东西：芦荟、椰子和白杨树灰烬。幸运的是，当时我身后有人可以分担工作和职责，所以我选择慢下来，减少繁忙的日程，开启密集的禁食疗法，还会冥想和祈祷。我每天用梦中的植物来治疗自己。几个月后，肿瘤缩小了，最后消失了。

我治愈肿瘤的经历自然传遍了整个医疗界。大家对发生在我身上的奇迹感到惊讶。作为自然健康领域的引领者和医学博士，我认为重要的是我已经证明什么是可能的。

五十年后，当我发现乳房长了一个肿瘤时，我想知道在治疗乳腺癌的过程中，我是否应该再次尝试自然疗法。然而，从那时起，我的生活发生了翻天覆地的变化。我的身体衰老多了。我之前进行的密集禁食，会让身体难以承受。与此同时，西方的治疗方法有了显著的进步，尤其是针对我所患的乳腺癌。有一些选择虽然仍然是侵入性的，但要温和得多，目标也更明确。最重要的是，我在其他事情上努力，投入了我的生命力，但也获得了回报。

虽然我不排斥自然治愈肿瘤的想法，但我知道这需要付出很大努力。我没有感受到同样的召唤——公开我的疗愈、与他人分享奇迹，这次感觉更私密了。我没有多么害怕，但我意识到越快做出决定，治愈的机会就越大。我寻求指导，发现自己的沉思和梦境冥冥之中验证了我的猜测：在那个时间点，针对我的乳腺肿瘤，选择西医的治疗方法是正确的。

然而，这并不意味着我不会积极参与治疗。一名肿瘤学家和一名外科医生给我治疗。我们一起努力消除肿瘤。他们负责放射医疗和乳腺肿瘤切除手术，我负责想象和爱护自己的身体。

关于外科手术，我回想起曾经对一个病人说的话："当一个园丁修剪一棵树，他剪去了那些不再给树增添生命力的枝叶，它们已经完成了使命。"我的肿瘤也一样。我太爱自己、身体和生命了，不能让肿瘤夺走我的生命力。就像我第一次身患癌症那样，我把所有的注意力都放在自爱上，拒绝让自己陷入恐惧中。

在手术前几周，我开始和肿瘤说话，我把它想象成一个漂亮的手工小手提箱。我对肿瘤说："亲爱的，我们要来一次家庭团聚了。如果我的身体里有其他癌细胞，就把它们召集起来，叫它们钻进手提箱，踏上离别之旅。"手术时间到了，我兴高采烈地进了手术室，因为我知道切除那块肉后，我的身体会更健康。我用类似的方法对待辐射，选择以一种实事求是的方式观察辐射，就像剪脚指甲一样，那里有我不再需要的细胞，我这么做是为了除掉它们。我并不愤恨细胞，也不害怕它们，但它们并没有为我的健康服务。

治疗很成功，我的第二次抗癌之旅和第一次一样短暂。我十分坚信，我选择对抗疗法是治愈的重要一步。我也确信，接受对抗疗法和把肿瘤想象成手提箱同样重要。我用爱做出决定，并用更多爱来支持我的决定。当然，我也有恐惧，只是我不让自己一直恐惧。我也不为几个增殖细胞而排斥自己的身体。我当时和今天一样为自己的体质感到骄傲。我的身体太好了！我喜欢已经成功对抗病毒的身体，我也喜欢身体接下来要应对的挑战。

每当我的病人或亲人面临这种具有挑战性的诊断时，我鼓励他们无论如何都要继续喜欢自己的身体。我也鼓励他们去想象自己的治疗，去创造他们自己的意象，就像我把肿瘤想象成手工手提箱。

一些病人觉得去创造自己的意象不容易，他们想要我为他们提出一个意象，或者我为他们提供合适的想象建议。我们需要足够信任自己，才能相信找到的意象会起作用，而那些不够爱自己的人往往难以相信自己。但是，唯有你能创造自己的意象，你必须找到内心的医生——那个知道如何治愈自我的医生，并开始信任自己。

这是我们引导自我意识转向无意识的一部分。无意识提供了我们需要治愈的意象。我们每个人都必须找到一个适合自己、感觉真实的意象，我们必须尽可能用纯粹的爱去实现它。我一次又一次看到这种古老的方法发挥作用，尤其当我们怀疑自己找不到正确的意象时，我们就需要无意识告诉我们如何治愈。

虽然关于肯定和创造意象的想法并不新颖，但支持它的科学仍然在发展初期。然而，我们正在缓慢而坚定地意识到，我们可以衡量思想和身体之间的关系。正如诺贝尔奖获得者伊丽莎白·布莱克本博士及其同事埃莉萨·埃佩尔博士发现的那样，端粒（染色体上的端帽）受到思想的影响。这意味着，尽管积极思维不会直接影响我们的DNA（脱氧核糖核酸），但它会影响我们的基因表达方式，从而对我们的健康和生活体验产生深远的影响。

意象凝聚了我们的想法，让我们的想法在身体里变得真实。随着干细胞研究的出现，我认为干细胞是对创造性生命力的科学回答，似乎干细胞受到思维模式的影响。研究证实了几个世纪以来整体治疗师、精神治疗师和原住民治疗师一直在说的话：认识自己的角色对于治疗是有力量的，因为我们的思想影响一切，当然包括细胞水平。

身体的细胞知道它们的工作，细胞想通过自身的运转来支持我们。作为活生生的人，我们设定自己的目标，然后我们的细胞与我们结盟来实现目标。我们的工作是给细胞注入生命力，但是从那时起，细胞就是所有事情的参与者。我把自己所实践的医学形式称为生活医学，它让整体医学的理念超越了执业医师的范畴。这是治疗师和病人之间的一种合作模式，它使用有效的方法来增强一个人的生命力。这种合作模式促进患者的疗愈，但关键之处在于，要注意到这种合作模式不做治疗而只是指导。在生活医学中，我们自己的身体实际上是幸福的驱动力——身体自然包括思想。我们要做的是相信这一点，并为细胞茁壮成长提供其所需的爱。这才是真正的自爱。

为了达到自爱，我们必须既擅长给予爱，又擅长接受爱。然而对许多人来说，给予爱是一回事，让爱涌进来又是另一回事。

如何让爱涌进来

很多时候，我们会经历一些挑战，我们认为这些挑战意味着我们不值得被爱。有人离开我们，伤害我们，或者无法给我们应得的爱。虐待、忽视和冷漠等令人痛苦的经历会把我们塑造成某个样子。这些痛苦的经历会在我们的潜意识中留下印记，对我们的健康和幸福产生深刻的影响。接受爱会带来很多恐惧，尤其当我们过去受过伤害时。这正是为什么我们需要关注如何接受爱。尽管克服恐惧很难，但这样做会帮助我们获得更多的爱。

一个名叫帕梅拉的病人，努力让自己承认自己值得被爱。她六十多岁来找我面诊时，身体已经出现了很多问题。当我劝导帕梅拉时，我明显发现她只是不相信自己值得被爱。尽管帕梅拉是一名出色的学校辅导员，帮助过许多有问题的孩子，但她看不到自己的人生价值。帕梅拉总是拿自己和别人比较，进而发现自己有缺点。在我看来，帕梅拉在内心深处认为自己不配拥有生命力——也许甚至不配拥有生命本身。

我们交谈了一会儿，然后我告诉帕梅拉，她出现的核心问题是什么。我缓缓道来："听起来,你似乎不相信自己值得被爱,你知道为什么会这样吗?"

帕梅拉笑了,她回答："现在,您的话听起来像我母亲说的话!"她的回答让我感到震惊,她母亲究竟对她说过什么呢?我询问帕梅拉说的是什么意思。

帕梅拉解释道："噢,好的。在我小时候,母亲并不爱我,因为那时候我是一个长相不够好看的婴儿。她想要爱我,但这种爱太尴尬了。"帕梅拉向我吐露心声,她是早产儿,所以瘦骨嶙峋。当帕梅拉还是婴儿时,如果母亲的朋友来看帕梅拉,母亲就会用毛巾盖住她,这样朋友只能看到她的脸。"这样他们就不会看到你有多丑。"她母亲会解释道。更糟糕的是,在帕梅拉出生两年后,母亲生下了一个健康的男婴,他可爱又好看,所以很明显母亲偏爱弟弟。而帕梅拉是一个丑陋的婴儿,这也成为家庭由来已久的"笑柄"。

帕梅拉缓缓道来,她意识到这不是一个玩笑,而我也清楚这一点。她一遍又一遍从母亲那听到这个令人心碎的事,这件事深深地影响了她。帕梅拉现在明白为什么她的自尊这么低,为什么她这么坚持与他人比较,哪怕这种行为伤害了她。我拥抱了帕梅拉很久很久,并结束了面谈,在此期间,我试图给帕梅拉每一份她应得的爱。

在接下来的治疗中,我不再关注帕梅拉的症状,而是开始关注她的可爱之处。首先,帕梅拉学会了接受我的爱。然后,她开始接受来自学生和家长的爱,他们都崇拜她。最后,帕梅拉开始爱自己,她的大部分症状都消失了。

帕梅拉从婴儿时期就开始努力接受爱,这可能看起来很早,但是我们自己的价值观可能形成得更早。我想让大家知道,生命中的每一分钟都值得被爱。这就是为什么我在职业生涯中花这么多时间专注于爱心分娩。

我已经见证成千上万个婴儿的出生,我也曾接生一个家庭中的两三代人。当我手里接过一个又一个孩子时,他们当中的绝大多数都是头朝下,我以慈爱的态度欢迎他们来到这个世界,向他们保证这个世界是幸福而温和的。我敬畏地捧着他们珍贵的头颅,我感谢他们的到来。一旦我这样做了,我觉得我能听到天使在歌唱。

如果你愿意,请想象天使在歌唱。

去聆听他们嘹亮的歌声。

如果你看到自己的婴儿沐浴在金色的光芒中,请欢迎婴儿来到这个美丽的世界。

请你做这个小练习,为了获得自爱,有必要去理解我们肉身的神奇本质。

请你考虑一下细节:确切地说,是你在母亲体内形成了一个肉体,并出生在这个世界上。你来这里是有目的的,是为了这对确切的亲生父母,他们的DNA结合在一起形成了你。你的灵魂之旅是由抚养你长大的人塑造的,他们可能是父母或者其他人。当你在这里的时候,你将会改变这个世界,至少一些小的方面会有所变化。你将与他人联系，走入他们的生活，成为他们生活的一部分。你将创造美。你会发挥自己的天赋，分享自己的经历。无论你的影响力是大还是小，它都会以你可能永远无法真正理解的方式向外扩散。不管你是否相信，你的生活是由某种创造性力量促成的，也是一长串随机事件的结果。不管怎样，这太不可思议了。

当我们热爱生活时，爱的能量会自由地流入我们的内心。然而，我们当中的许多人在生活中受到伤害，逃避爱是对痛苦的反应，但这可以被治愈。

事实上，你是治愈自己的人。虽然其他人可以协助，但没有你的参与，他们也做不到。你选择治愈自己的伤痛，投入自己的精神，惊叹自己的肉身。这是多么重要，就像山洞里的火柴。这让你开始克服恐惧，告诉你关于自身价值的谎言，让你自由。

有时，人们发现很难从人类那里获得爱，往往从动物那里开始比较容易。我觉得这有道理，动物没什么主观意见，更不可能冒犯我们。我见过许多人通过爱猫、狗甚至马让爱涌进来。这些年来，我养了许多狗。我认为，在孩子小时候养小动物特别重要。动物给予人类无条件的爱，很多人都喜欢它们。动物提醒我们，我们很可爱，也值得被爱，哪怕我们已经忘了这一点。

一旦你有能力去接受爱，健康和幸福就会如约而至。唯一自然的反应就是，把接受的爱传递给你遇到的每一个人。

给予他人爱

当我还是孩子的时候,我在给予爱方面接受了很好的教育。父母很爱我们,他们教会我接受爱,向我展示了我的个人价值。我父母还有更大的人生目标,例如通过爱的力量来治愈疾病。

我父母基于对爱的承诺,合理地践行了他们的信仰。在户外工作几个月后,一天晚上母亲回到家中,接着在打字机前工作,那个笨重的打字机跟着母亲从一个营地到达另一个营地。和我一样,父亲在阅读和写作方面有困难,所以我母亲负责写信解释他们为教会开展的工作。那天晚上,我听到母亲多次敲击打字机的声音,它不是杂乱无章的。终于,父亲敲了书房的门。母亲示意他可以进去,父亲走进去,门半开着,我刚好听见了他们的谈话。

我母亲叹了一口气,因为她注意到他们很少交谈。他们的部分工作是让当地人(大部分是印度人)皈依基督教,并为其洗礼。然而,父母从未关注那部分工作,那并不是他们投入精力的地方。

父亲列举了他们最近取得的成就,例如他们治疗了患者的疾病,提醒我母亲他们正在做重要的工作。他们治疗了许多从未接受医疗护理的人。他们直接走进麻风病人聚居地,向那些所谓的"不可触碰者"伸出援手。

我父母之所以这样做,是因为他们被召唤去传播爱。他们认为触碰是医学的基础,就像我理解的那样。他们用自己的爱和双手治愈了创伤,就像他们钟爱的圣经故事中描述的那样。

我在书房隔壁听见父亲给母亲提建议,父亲列举了他们在过去一个月里帮助的几个好人,还描述了这些人的病痛:拔掉了一颗令人痛苦的烂牙,重接一根愈合不良的骨头,治愈了一个孩子的感染。

母亲边沉思边说道:"我想是这样,我们可能没有数据化的成果展示,但我们正在努力。"

我父母大部分时间都在印度为病人服务,他们过着长寿、快乐、充实的生活。实际上,我甚至很难哀悼他们的去世,因为他们的生活就像一场庆典。我想念他们,但我并不为他们感到难过。我父母在充沛的爱意中不留遗憾地活着。

父母对待病人的方式,也对我产生了深刻的影响,这不仅体现在我的医疗生涯方面,而且体现在我待人接物方面。我父母教我去爱每一个人。

现在,我想明确一点:爱每个人并不意味着我们必须同意每个人的观点,并不意味着我们赞同每个人做的每件事,也不意味着我们一定要花很多时间和他们在一起。爱是一种超越喜欢的能量。有很多病人是我努力去喜欢的,我相信我父母对他们的病人也是如此。

但是，如果我不能爱某个人，我认为这就是我的问题而不是他的问题，所以我会想办法去爱他。我会努力寻找我和他之间任何微小的共同点——也许我们都爱我们的孩子，或者我们都喜欢沙漠的风景。如果我找不到共同点，我会寻找他们让我喜欢的任何地方，哪怕琐碎、细微，也许我喜欢他们的发型或者他们拥抱的方式。我一次又一次地发现，想要让爱蔓延，只需要给爱搭个棚架，爱就会像藤蔓一样沿着棚架肆意生长。爱只是让能量自由地流经内心，而不是阻止能量流动。从这个角度看，爱是我们健康和幸福的关键因素，是我们必不可少的能量因子。

尽管我们明白了这一点，但生活还是会给我们一些意想不到的东西，让我们震惊不已。在这样的时刻，虽然我们很懂爱，但恐惧会占据我们。一旦我们得到了流经我们内心的爱，我们如何抵抗恐惧呢？

爱和奇迹

也许你已经为爱投入了不少时间和精力，你已经在给予爱和接受爱的能力上取得了进步。然而，出乎意料的事发生了：你降职了，公司破产了，你有一段关系破裂了，或者有人生病了。特别是在那些黑暗的时代，我们将爱作为治疗的一部分，这意味着我们要去寻找爱。

作为一名医生，我曾多次看到这样的场景：患者的身体不再健康，他们因感到恐惧而闭门不出，然后通过切断外界与身体的联系或将疾病幻想成敌人来远离身体。当我们觉得身体已经背叛或即将背叛我们时，这种情况尤其真实。

生活的真相是，我们还有很多未知的东西有待探索。当我们收到坏消息时，我们不知道如何捕捉一线希望，但仅仅相信有希望，也是一种力量。这种相信标志着我们要做选择，将我们从恐惧中抽离，把我们带入爱流中。仅此一项就能治愈我们的病痛，即使没有治愈我们的病痛，也一定会给我们的生活带来更多意义和幸福。

事实上，在极端的恐惧面前选择爱，本身就是一个奇迹。然而，有时这也会创造其他奇迹。

苏珊经历过这些，我前面分享了她悲惨的车祸经历。当我坐在苏珊床边时，我抓住了她的恐惧，温柔地给了她一个选择：在这种看似不可能的情况下，她要做什么？我知道，苏珊必须创造出一个对她有用的意象，就像我患乳腺癌时想到手提箱意象一样。对苏珊来说，这必须完全真实并且以爱为基础。

我开始向苏珊解释骨头是如何愈合的。我给苏珊讲了造骨细胞和破骨细胞，造骨细胞建立骨细胞之间的联系，而破骨细胞则分解骨细胞。我解释了肽的作用，并表示如果有机会，骨骼知道如何自愈。我向苏珊保证："你的身体会痊愈的，这可能不容易，但一切皆有可能，你需要去相信并看到自己美丽的身体变得健康强壮。"

苏珊的事故发生在卡特里娜飓风袭击新奥尔良后不久，新闻里都是关于新奥尔良重建计划的报道。当苏珊一动不动地躺在床上时，她发现自己脑海里都是新奥尔良遭飓风袭击的画面。苏珊可以看到新奥尔良在日复一日地重建，除了修路建楼，苏珊就没有想别的事。起初，苏珊解释道，她不知道为什么会出现这样的意象，她也没把这些和我们的谈话联系起来。就苏珊而言，这似乎只是她无聊时产生的一种奇幻迷恋。

随着时间的推移，医生开始宣告出乎意料的好事正在发生。不知为何，苏珊的脊椎开始以意想不到的方式愈合。

苏珊意识到，她的奇幻迷恋实际上是一种想象。苏珊增加了练习，明白她在头脑中建造的"城市"实际上是她脊椎中的骨质组织。苏珊看着"工人重造建筑和桥梁"，这代表她的造骨细胞在重建。苏珊见证着"一辆又一辆手推车的碎片被移除"，这代表她的破骨细胞在减少。一段时间之后，苏珊的医疗团队拆除了她的石膏，她能够坐起来并移动到轮椅上了。

车祸事故发生一年多以后，苏珊又能走路了。

在生活医学中，我们继续努力给予爱、接受爱。我们要想办法让这种追求给我们带来活力。当我们让爱成为日常生活的一部分时，我们就延续了生命。

如果我们从世界上接受越来越多的爱，并允许爱在我们心中着陆以及向外照射周围的人，这种情况就会频繁发生。当我们学会爱自己的每一部分时，爱也会在小范围内发生。我们给自己的营养很重要，它影响我们的细胞，我们不需要等到我们受苦时，才开始把爱作为良药来治愈自己。

自助练习：用自爱来疗愈

1. 首先保持安静，然后试着让抱怨浮出水面。你可以抱怨身体生病，抱怨正在医治的疾病，抱怨短期受到的伤害，甚至抱怨情感纠葛，比如一段没有结果的关系。

2. 去思考你的抱怨，并创造一个意象来概括它。不要想太多，只要让意象出现就好。这个意象可能是移动的，也可能是静止的。意象可能是一个东西，一个地方，甚至一个人。一旦你有了意象，花点时间真正地看一看它，意象以什么形状、颜色和质地出现了。

3. 试着问意象：你有什么东西要给我看？你需要什么？你是否提供关于身心健康、情感关系的信息？在某种程度上，你的头脑已经浮现了这个意象，向你展示了一些东西。它是什么？你可能找到一个答案，也可能答案不止一个。

4. 看到你的意象被爱包裹，被整个宇宙无条件的爱拥抱。再一次听到天使在歌唱，就像你出生那天一样。你要感谢这个意象，让它逐渐消失。

5. 现在是时候给自己一个拥抱了。不要回避拥抱，即使你觉得这样做有点傻，它也是一种变革性的实践！将双手放在对侧肩膀上，双臂交叉放在胸前，肩膀向内弯曲。当你这样做时，回收下巴，抓紧臂弯，给自己一个拥抱。给自己一个有力的拥抱，就像你对其他需要拥抱的人那样。

6. 当你拥抱自己的时候，用心感受一下。评估一下今天的情况，你觉得自己有多可爱，多值得被爱？不假思索地接受答案。当你想评估爱如何流经自己时，你都可以重复这个姿势，好好拥抱你自己。

秘诀 ④
你永远不会真正孤单

当我们为集体生命力做出贡献时，
我们每个人的生命力也会受益。

生活就是连接

我童年最美好的回忆，来自冬季野外的营地。每个人都有工作要做，而且工作是愉快的，我喜欢这种感觉。我喜欢我们互相依赖。我们彼此远离，但又紧密联系在一起。我深情地想念那些时光，它向我灌输了对社区的坚定信念。

一天晚饭后，我们聚在家庭帐篷里的桌子周围玩文字游戏，这时阿亚突然闯了进来，她微笑着说："苦行僧来了。"印度教苦行僧在印度很常见，但在我们的营地很罕见，我很清楚她说的是哪个苦行僧。我们五个孩子都跳了起来，戈登太小了，可能不知道自己为什么要跳，我们都跑了出去，父母跟在后面。

这位苦行僧是一个高大的男人，有一双深邃的眼睛，散发着古朴的神秘主义气息。今天，我知道，我当时面对的是一个真正古老的灵魂——孙达尔·辛格，他皈依基督教，重新融合了英式基督教。

孙达尔在西藏度过夏天后，每年冬天都会来到我们的营地。孙达尔总是徒步旅行，他会在我们的营地待上一两个星期，品尝美味的食物，用歌曲和故事取悦营地的孩子。大家会自然地被他吸引，孙达尔的出现促进了人与人之间的联系。我效仿了这一点，并且明白当我长大了，我也想把别人带到我身边。我想要像他一样把爱意洒在孩子身上，把希望带给我遇见的每一个人，把我的故事快乐地分享给任意一个想听的人。我想通过与他人联系来实现我的真理。

就根本层面而言，我们每个人都是相互联系的。我们很容易忽视这一点，把彼此视为独立存在的个体。毕竟，我就是我，我有自己的皮肤；你是你，你也有自己的皮肤。然而，我们是社会生物，我们依赖彼此生存。无论我们多么想把自己与大家分开，我们都是社区的一分子，或好或坏。我们是一个家庭、一种文化、一个国家、一个大陆、一个物种的一分子。我们通过共同的经历和基因联系在一起。我们实际上同呼吸、共命运。

每个人可能是独立的个体，但我们也是一个整体。我们有集体的生命力。正如每个人的生命力需要照料一样，我们集体的生命力也需要照料。

1969年，当我和比尔去以色列参观一个集体农场时，我脑海中第一次冒出了这个想法。那天晚上，虽然我们熬夜到很晚，但我们精力充沛，讨论我们所看到的，即社区中的一切是如何相互联系的。每个人都有目标，每个人都有工作。孩子们在学校里的行为与农场、诊所或厨房里发生的事相互联系。每个人都对集体生命力有所贡献，也从中受益。

那次旅行也成为我的灵感来源，促使我和护士兼助产士芭芭拉·布朗在20世纪七八十年代推行面包车方案。该方案鼓励孕妇在舒适的家中分娩，由亲人和受过训练的专业人员照料她们。我们专门配备的面包车会停在相应的停车位上，同时我们会关注孕妇的分娩情况。如果需要干预或医疗物资，我们可以提供一切服务。在大多数情况下，面包车只停在车道处，而妇女在自己家里生下健康快乐的婴儿。在某些情况下，我们用面包车运送母亲和婴儿到医院。我们的面包车侧面画着巨大的鹳，它总是向社区发出一个明确的喜讯：一个新的灵魂正在到来！欢迎它吧！

在现代社会，真正的社区意识似乎不够强烈。甚至在新冠疫情之前，许多媒体报道都提到我们正在经历一场孤独危机。孤独感在许多国家和一系列人口统计工作中都被认为是一个问题。它会对我们的身体造成严重伤害。杨百翰大学的一项研究表明，孤独感对人类寿命的影响，等同于一天吸十五支烟。不良的社会关系使心脏病风险上升29%，脑卒中风险上升32%。

与此同时，数据显示，积极的社会关系有助于我们健康成长。作家阿什顿·阿普尔怀特指出，社交是快乐和健康衰老的一个主要指标。她还提倡建立几代人之间的友谊，这一观点得到了众多研究的印证。这些研究表明老年人与年幼的孩子在一起，有益于解决老年人面临的生活问题。虽然婚姻通常会降低心血管疾病风险，但有问题的婚姻会增加心血管疾病风险。根据哈佛大学成人发展研究，五十岁的关系质量是八十岁健康和幸福的最大预测指标。

生活来自我们的人际关系，由我们的联系支撑，并创造新的联系。当我们为集体生命力做出贡献并从中汲取力量时，我们是最快乐、最健康的。这个观点是我第四个秘诀的基础。我们与社区的联系增强了自己的生命力，集体生命力也重新组合了。

这意味着，当我们尝试与他人建立联系时，我们会健康成长。由于联系是我们给予和接受的东西，我们是决定社区健康的人。每个人都有责任为自己建立一个支持网络，这样我们也为他人的支持网络做出了贡献。我们的付出甚至不一定是利他的，因为整体网络是为自己服务的。就像我儿子鲍勃小时候说的："嘿，妈妈，我想，我明白了！如果我交一个朋友——他交一个朋友——他也交一个朋友，朋友就会走遍全世界，然后回到我这里！"

我在全球各地看到了鲜活有趣的社交圈。我已经注意到，甚至在面对艰难的争执时，一起工作的伙伴依然会笑脸相迎。一个团队要茁壮成长，不需要完美的人或很多钱，而需要充分地利用现有的资源，并找到一种方法来满足我们的需求。

我从小就相信人际联系的力量。我来自一个有深厚情感的家庭和充满活力的社区，在那里大家互相帮助，互相鼓舞。虽然我们经历了许多事情，但我仍在继续营造一种欣欣向荣的家庭氛围，并一直积极参与周围的世界。我优先考虑自己的社会关系，因为我知道当我付出和得到时，我整个人是什么感觉。

我想你也知道这种感觉。我希望你在一生中，至少体验一次被完全支持的感觉。我希望你曾经有机会支持其他人，并且感受到了那种联结感。如果你有，你可能记得这种感觉是如何激发你的。你可能会回忆起新生力量是如何感染你、推动你前进的。生命力增强，表明了人际关系的重要性。

几十年来，我一直坚持着一个梦想：建立一个生活医学村——集治疗、生活和学习于一体。在某些方面，我的视野是基于童年的旅行营地。在其他方面，这是一个全新的模式，我们将通过一起生活和工作来治愈创伤。我们是社会人，我们注定要在一起，这是我们健康成长的方式。

虽然很多人知道这个理论，但付诸实践越来越难。世界大部分地区正在经历意识形态路线的分裂。家庭成员彼此不联系，选择在各自的角落度过假期和庆祝活动。越来越多的婚姻以离婚告终。房子和院子的面积越来越大，但我们退缩到自己的电子设备中。我们拥有的越多，我们分开的时间就越多。即使我们想要联系，至少理论上我们的需求似乎也很难满足。也许我们甚至已经忘记如何与人互动。

当我看到这种情况发生在我身边时，我不禁想问：如果我们喜欢联系，知道联系对我们有益，我们为什么要避开它？

接受不完美

当我的第一个孩子卡尔出生时,我住在辛辛那提。我和另一位年轻的妈妈交了朋友,卡尔和她的儿子哈里同龄。我们都是同一家医院的实习生,有很多共同点。卡尔和哈里一能走路,就开始一起玩耍,他们相处得很好,但以不同的方式玩耍,部分原因是我和哈里妈妈的育儿观念不一样。卡尔是一个爱冒险的孩子,我和比尔鼓励他去爬,去弄脏自己。哈里妈妈让哈里戴着手套出去玩,有时还用皮带牵着他。

如今,社会上普遍提倡年轻父母放手让孩子去接触世界。大多数人都知道,过度干净的环境不利于孩子的成长。但是,哈里妈妈目前的医学训练集中在细菌理论上,那只是关于如何杀死细菌的,她在尽最大努力地运用学识。像其他许多妇女一样,哈里妈妈也想通过做一些具体的事情来成为一个"好妈妈",让儿子远离细菌就是其中之一。

哈里及其妈妈也是我的病人。我经常见到他们,因为哈里经常生病。尽管他妈妈尽最大努力养育他,但他还是染上了各种各样的病菌。有一次，卡尔在泥地里玩耍，而哈里静静地坐在一旁看着。她问我："为什么卡尔很少生病，而哈里却常常去诊所看病？我照顾哈里很谨慎小心！"

我笑着解释说，卡尔可能有一个更强大的免疫系统，我让他接触了这个世界，他的适应能力就更强。

这个故事本身并不引人注目。然而，如果把它作为一个隐喻，它可以教给我们很多东西。有些东西确实是有害的，如火炉、悬崖和蛇蝎，哈里妈妈让他远离这些东西是正确的。但她做得太过头了，哈里因此受苦。这正是人际交往的方式，是的，有些人真的会伤害我们，这是真的。但是，当我们过度保护自己免受他人伤害时，我们就切断了本可以为我们所用的互动。我们出生在一个人群熙攘的世界，我们注定要与人打交道，就难以避免复杂的人际交往。

我们经常不与他人互动，因为我们不想弄脏自己的手。我们认为有些是别人的问题，不想解决它们。我们想保护自己，所以我们不能失望，但在这个过程中，我们错过了生活。

现代便利设施的出现，让我们与他人的互动变得更容易。我们基本上消除了生活中"需要彼此"带来的不适。今天，如果我们在经济上足够宽裕，我们就已经建立了整个世界，我们可以不必向任何人提出请求。我们不会请邻居帮忙从机械师那里取车，我们启用专门的应用程序就行，或者搭车去看医生。在学校繁忙的夜晚，我们可以在几分钟内订外卖解决晚餐。我们可以雇人遛狗、组装家具，只需要点击一下按钮就可以洗车。我们的科技越进步，我们就越不想麻烦邻居。我们正在建立一个出租社区。

向邻居借一杯糖的日子一去不复返，更别说和邻居一起养谷仓了。

也许我这样说，听起来像一个老太太在抱怨世界发生的变化。然而，我指的是更大的事：我们需要借几杯糖。我们受益于谷仓饲养。以这种方式生活在一起，迫使我们建立联系，哪怕是在很小的方面。过去，杂乱而频繁的互动能让我们走近邻居，了解彼此生活中发生的事。这些联系让我们不会有孤立的感觉，让我们保持活力。

现代科技与时俱进，日常生活所需的互动可以变得更少，我们只有在心甘情愿的情况下与他人互动，我们才会最快乐。然而，减少互动的成本是非常高的。当我们不与社区联系时，我们会失去很多，我们也会丧失做人的基本乐趣。

我们选择社区时确实有所权衡。首先，社区肯定不那么容易控制。1958年，当我和比尔搬进亚利桑那州的第二个家时，我明白了这一点。那是一个几乎坚不可摧的大土坯房，非常适合我们忙碌的七口之家，不过我们很快就变成了八口之家。我们每天晚上一起吃饭，通常有十几个人围着大橡木餐桌。我们不担心房子是否整洁或食物是否完美，重要的是，我们要在一起。

有人频繁进出我家那栋房子，以至有一次，当附近发生一系列入室盗窃案时，一名警察来到我家门口，警告我们晚上要锁门。那时我们才意识到,虽然全家八口人都住在那里,但我们都没有钥匙。那些年,我和丈夫经常为支持各种组织的创立而举办募捐活动。我们还主持了一系列有关医疗和治疗师的讲座,参与讲座的人背景各异,他们当中的大多数人都在那里待了几天,围在大橡木餐桌前自由地交流想法。几乎每天,我们都会迎接一屋子吵吵闹闹的邻居孩子。

当考虑到我们作为父母所看重的东西时,我和比尔选择把我们的家变成一个孩子和大人都可以尽情玩耍和做自己的地方,但这样我们便放弃了一个平静或一尘不染的房子。这也会让我们的日子有些混乱,但我无怨无悔,创建快乐互动的社区要允许一点混乱。

一天下午,我躺进浴缸里放松,让身为职场妈妈的压力释放出来。我们的浴室有两扇门,一扇门通向卧室,一扇门通向比尔的书房。正当我在水中闭上眼睛时,卧室的门突然打开了。一个眼神狂野的男孩跑进浴室,径直从水槽旁走过,猛然打开了通往书房的门。男孩刚进来,一个小女孩就从他身后跑过来了,跟着他去了书房。随后又来了一个小孩,紧接着一个蓬头垢面的孩子来了,又来了一个小不点儿,一共有五个孩子进来了。仅仅一会儿,十个孩子就跑进了浴室,经过我的浴缸,从另一扇门出去。其中只有三个是我的孩子,他们甚至都没有注意到我在浴缸里泡澡。我感到恼火,此时我一丝不挂地躺在浴缸里,试图放松身心。我也惊叹于为孩子们创造的这个快乐而喧闹的家。

允许他人进入我们的生活，意味着事情会变得有些混乱。在生活中，我们不能期望一切都尽善尽美，或者完全按照我们想要的方式呈现。然而，我们也可以从不完美中有所收获。我理解这种控制欲，我们每个人都在走自己的路，想掌控自己的行走方式。但美妙之处在于，我们的道路可以与他人的道路相交。我们可以分享我们走过的路，我们可以告诉别人我们学到了什么、我们要去哪里，我们可以向他们学习。这是一件多么美好的事。从某个角度来看，这可能被视为压力，但是短暂的高压实际上可能对我们有好处。这并不意味着我们需要在一贯负面的人和事上投入过多精力，当然，持续的压力会导致很多问题。然而，研究表明，一些压力可能对我们有益。

当我们试图创造一个纯净的世界——没有人类交际的问题和烦恼时，我们就违背了自己的生命力，会变得更脆弱，就像可怜的小哈里。

然而，这个社会试图让我们相信，为了相处，我们必须喜欢每个人的一切。在这样一个两极分化的世界里，这种思维模式让人很难知道该和谁交朋友。既然社区如此重要，那我们该如何开始建设社区呢？

找到你的朋友

我的目标是爱每一个人，但这并不意味着我喜欢每一个人。同样，找到和每个人成为朋友的方法，也有所帮助。当我们承诺与每个人交朋友时，我们可以接受他们，不管他们是谁或相信什么。我们可以在他们内心找到朋友，哪怕这只是他们的一小部分。

大学生埃莉莎回家过寒假，肘部出现了湿疹。她母亲多年来一直是我的病人，所以我从埃莉莎小时候就认识她。虽然她面诊时比较焦虑，但她通常在一两分钟内就放松下来了。这一次我感觉她的拥抱有点不对劲，好像她没有完全和我在一起，甚至我握住她的手臂检查后，发现她的肾上腺似乎很活跃。虽然埃莉莎静坐不动，但她的眼睛在转动，手臂在我手中也有点颤抖。那些与湿疹抗争的人都知道，压力常常加剧湿疹。

我叮嘱埃莉莎："你可以涂抹一点蓖麻油在湿疹上面，应该会好的，如果不行，就打电话给我，我会给你开一个类固醇药膏。"我的手顺着她的胳膊握住她的手，轻轻地捏着。"现在，埃莉莎，到底发生了什么？"我感到她的手很凉，想给她一些温暖。

埃莉莎唐突地说："哦，回家休息并不是我想的那样，就这样，没什么坏处，我只要熬过这几天的假期就可以回学校了。"

我好奇地问道："什么不是你想的那样？"我想知道她家里是不是发生了什么事。

埃莉莎解释道，她的家人都很好，我关切的话语似乎软化了她的防备心。然后埃莉莎承认了真相："只是和朋友在一起有点怪怪的，我是说我最好的朋友克洛艾。她搬去和男朋友住了，我住宿舍，我们现在的生活截然不同。比如，我主动向她伸出手，但我们再也没有任何共同点了，感觉我跟她的来往浮于表面，您知道吗？"

"我知道。"

"我真的不太喜欢肤浅的友谊，那是在浪费时间和精力。所以我不知道我过去和她在一起是不是浪费了时间，还是我正在浪费时间……我想只是有点难经营友情了。"

我对埃莉莎微笑着，她的手已经暖和了一些，仅仅谈论正在发生的事就让她恢复了活力。我给埃莉莎讲了我童年的一些好朋友——有的成年后和我联系，也有的不联系。我对埃莉莎讲了我和彼得的友谊，他是我一生的挚友，和我一起在印度长大，在辛辛那提和我亲爱的朋友艾丽斯相遇并结婚，最后成为我在亚利桑那州的邻居。"有些朋友还留在身边，有些中途离开又回来，诚然，一些亲密的友谊会消逝，但这些友谊都值得我们投入情感，永远不是浪费时间。想想我们亚利桑那州盛放的春花，"我指着窗外的风景说，"那些非洲雏菊的根很浅，花期短暂，只有几个星期，但一棵仙人掌的根深扎于尘土，足以抵御强风、干旱。这些植物当中没有哪一种比另一种更漂亮。这些植物都帮助这个地方变得生机勃勃。你和克洛艾的友谊还没有结束，只是有所改变。"

当埃莉莎和我交谈时，我说有些友谊很深厚，可以跨越几十年，这些朋友是我们在遇到困难时会依赖的人。其他的友谊注定是短暂的，服务于特定的目的，又自然地结束。还有一些友谊不管是维持几年还是几分钟，我们的关系都停留在表层。他们友好而积极，但在这样的关系中，我们从未深入地了解彼此。我认识成千上万的人，在某种程度上，我把他们都当作朋友。

"我也把你当作朋友，你知道吗？"我说着。埃莉莎嫣然一笑。"你比我年轻，你是个孩子，而我已经长大，这样想可能有点奇怪。但我不知道你的心理年龄，你也不知道我的心理年龄。我不知道我们将来会如何了解对方。真的，一切皆有可能，就像你和克洛艾一样。"我紧握她的手。

"我以为克洛艾和我永远会是最好的朋友，也许我们会，也许我们不会，"埃莉莎叹了一口气，"我只是不想成为唯一付出努力的人。"

我说："听起来你很紧张。"

"的确是，如果我不再试图让某件事情发生，我会感觉压力小一些，我会让我们的友谊顺其自然。"

"正是如此，你可以尽力去接触克洛艾，但你无法控制这一生的走向。"我们聊了一会儿,埃莉莎似乎对这个想法放松了警惕。她同意在她们都回家过节时再次联络克洛艾,然后我送她离开诊所。埃莉莎从来没有因为类固醇药膏的事联系我,所以我想蓖麻油(也许还有我跟她之间的交流)的效果很好。

我找到了一种与每个人做朋友的方法,那就是寻找他们内心的朋友。即使我只找到唯一的点,我们的生命力也在那里流动,我向那里注入精力。这可能会产生长期或短期的相互作用,互动有深有浅。不管怎样,在这种互动中,我们都是朋友,我们只是一天一天地相处着。

为了建立一个更强大的朋友圈,从与你最近的人开始,比如你的邻居。你可以继续关注你在工作中接触的那些人,或者家庭成员的朋友,或者超市收银员、加油站服务员、牙医、税务律师、宠物狗理发师。你要试着与儿童、青年、老年人做朋友。让每个人都成为你的朋友,即使条件有限,也努力向这种友谊靠拢。这一切只需要一点善意和好奇心。你只需要寻找你和他们可以成为朋友的那一部分,然后从那里开始。

同样重要的是,允许世界把新人往你的方向推。扪心自问:最近有谁与我擦肩而过?谁需要我的关注和爱?当我们注意看谁来到我们身边——谁需要我们,谁有东西可以提供,或者两者兼有时,我们就向世界敞开了心扉。

我们必须在所有事上达成一致,才能享受彼此的陪伴——这是很危险的想法，把大家推向了极端。当一个人的生活和另一个人的生活相似时，他们就很容易找到共同点，这是很自然的行为。但有时那些和我们截然不同的人，促使我们从新的角度来看待事物。这意味着与我们不太喜欢的人互动有重大意义。当我们带着好奇心而不是谴责去接近与我们想法不同的人时，我们就成长了。

当我第一次搬到俄亥俄州时，我就像一条离开水的鱼。那些有足够积蓄的妇女在家带孩子，而那些收入低微的妇女则在工作，但她们没有一个像我这样受过良好的教育，也没有一个是自愿工作的。我已经习惯自己像异类的感觉，我在大学里熬过来了，当时感觉我好像是俄亥俄州唯一一个（除了玛格丽特）和大象一起长大并说印度斯坦语的人。我在医学院熬过来了，在那里我和周围其他有抱负的医生对于医疗产生了分歧。我在一个由男人主导的行业里待了很多年，一遍又一遍地学习如何坚持自己的立场。但是我仍然渴望有一个像我这样的人，而我在那个煤镇上找不到。玛格丽特的住处离我仅两小时车程，这真是天赐良机，比尔的兄弟及其妻子也住附近。这让我在最初几年里坚持了下来。

除此之外，似乎没人把我的医生身份当回事。大家通常更喜欢找比尔或镇上的其他男医生来治疗。当我们开始在那里工作时，我们是六个全科医生当中的两个，但其他医生一个接一个地退休了，比尔也被派往其他州服务。这意味着，每个对女医生持怀疑态度的人最终都成了我的病人。

当然，我带着一如既往的坦诚和热情出现，很快我就赢得了镇上大多数人的支持，当初怀疑我的人都开始信任我，局面有所扭转。这是一个紧密团结的地方，我为人友好，性情开放，因此病人不知道该如何与我保持合适的医患关系。他们会在杂货店、银行和街上碰到我，总是向我寻求医疗建议。有一次，我想和姐姐、姐夫去看电影，结果警察用剧院的对讲机呼叫我了。有人出了点小问题，但并不是紧急情况，他们找不到我，所以打电话给警察，警察用无线电找到了我。

后来，我得了流行性腮腺炎，在疫苗出现之前，患腮腺炎是很常见的事，我在镇上住院治疗了几个星期。我病得非常严重，甚至无法照顾孩子们，他们都在床上发烧。然而我是周围唯一的全科医生，人们不愿意我一直待在医院养病。他们会开车沿河而上，偷偷溜进来问我这个或那个感染的问题，或者走到窗前大声喊："格莱迪斯医生！"我当时状态也不好，需要休息，所以最后医院的一些医生朋友把我偷偷带回他们家，我带着输液袋和所有生活必需品，在他们的客厅里秘密地治疗腮腺炎，度过了康复期最后几天。从被患者直接拒绝，到被极度需要以至我的腮腺炎不能痊愈，这是一个具有讽刺意味的转变。

虽然我总能找到用幽默来缓解问题的方法，但我患腮腺炎的经历突出了许多人在试图建立社交关系方面的主要问题——界限。我们很难知道如何与不尊重我们的空间或需求的人互动。与那些跟我们不一样甚至我们特别不喜欢的人互动,是一件很好的事情,但那些消减我们生命力的人怎么办?我们怎样才能找到每个人内心的朋友,并与其建立联系,从而为我们共同的生命力做出贡献,而不至于内耗?

如何设定界限

设定健康的界限，始于了解我们是谁以及我们的目的是什么。我们必须首先了解什么给了我们能量，又是什么消耗能量。为了在正确的地方设定和保持界限，我们必须非常了解自己。我们可以从有界限的人身上寻找灵感，但即便如此，每个人也必须找到自己的方式。

我姐姐玛格丽特是我一生中重要的榜样。玛格丽特在许多方面像我们的前辈，她按照自己的节奏行事，不需要别人跟着自己的节奏走。玛格丽特的善良为我树立了榜样。小时候，玛格丽特的行为举止让我很反抗，但一旦我学会了停止反抗，我的余生都在效仿她。

当玛格丽特的第一个孩子出生时，她和丈夫与婆婆库尔赖特住在一个小房子里，她婆婆在楼上有一间卧室。玛格丽特的宝宝还在怀中时，我便去拜访了她。一天，宝宝在哭闹，玛格丽特好像做什么都无济于事。回想起来，我觉得这孩子很可能是胀气或肠绞痛，这与玛格丽特的照料没有关系，但是她婆婆库尔赖特不顾一切来到楼下，立即告诉玛格丽特该怎么做。

她婆婆的建议带有批评的意味，形成对抗的力量，她婆婆似乎认为她不适合做一位母亲。她婆婆的语气消极，几乎令人厌恶。我看着玛格丽特继续来回摇晃哄孩子，把孩子裹得更紧，抱得也更紧。最终，库尔赖特说完话就回到了楼上。

玛格丽特继续对孩子轻声哼唱，完全不被婆婆影响。我对此感到惊讶，如果我被婆婆这样对待，真的会沮丧不已。我问玛格丽特，她怎么做到对这件事无动于衷。

玛格丽特轻声说道："哦，我婆婆就是这样的性子，不过，这不关我的事。我没有精力难过或生气，我所有的精力都在孩子身上。"她的声音随着膝盖的晃动而微微颤抖。

库尔赖特又活了二十年，她几乎所有时间都在批评玛格丽特，但她将要去世时，开始尊重玛格丽特，还在遗嘱中把车留给了玛格丽特。

我曾多次回忆起在玛格丽特家的那个时刻，她说"我没有精力难过或生气"，我发现这是有关界限最清晰的表达。玛格丽特并不是说她没有精力，而是说她选择把精力花在别的地方。家庭对玛格丽特来说真的很重要，她觉得让婆婆住在一起是正确的。承受婆婆的叨扰就是玛格丽特要付出的代价。

界限是当今讨论的热门话题。然而，我们通常认为界限是将人拒之门外的方式，就像堡垒的墙一样。我认为这是一种误解。界限来自我们内心深处，是关于我们选择把精力放在哪里，关注什么，不关注什么。

  这样看来，我们的界限完全由我们自己决定。我们经常无法控制谁来找我们，或者他们带来了什么能量，在这场失败的战斗中投入太多精力会耗尽我们的生命力。但是，我们总可以控制我们对不喜欢的人给予多少关注。最终，如果很少有积极的生命力来滋养，这种关系就会变得相当肤浅，甚至逐渐消失。然而，我们也没有必要排斥任何人，因为我们要排斥的只是他们的负能量。

  从这个角度来看，创造良好的界限并不要求我们将人拒之门外，而是要求我们接受他们最好的地方。

  我的一个病人帕蒂在患肺癌时就经历了这种情况。她是一位长期吸烟者，病情发展得很快，因此在确诊肺癌后不久，她就住院了。我打电话询问了她的主治医生，希望医生的努力至少能让她回家。

  电话那头的医生告诉我："帕蒂的情况不好，她严重贫血，而且太虚弱了，不能回家。"

  我问道："你能给她输血吗？"

  医生回答："我们正在努力，但她不让我们这么做。她的身体可能很虚弱，但她确实很顽固！"

  我去了医院，看看我能否说服她输血。我说，如果她不输血，很可能会死。

  帕蒂解释道："我知道，但输血不合适。我不能让其他人的血液在我的血管里流淌。我甚至不认识输血者，我不确定身体是否适应这些血液。此外，如果血液携带疾病怎么办？这是不对的，也许我的身体不需要输血也能痊愈。"

通过与帕蒂交谈，我听到了她的担忧，很明显她需要帮助。帕蒂的身体可以痊愈，但试图在贫血的情况下让身体痊愈，会让她处于不必要的劣势。

帕蒂现在的想法很固执，我想要帮助她重新梳理，努力改变她的想法，要让她相信——也许她正面临着一个接受爱的神圣机会。我说，这个世界上有人爱她，给她生命之根，这很美好。无论献血者是谁，他们的血液都是最崇高、最美好的奉献。帕蒂的身体告诉她，她非常虚弱，输血很有必要。幸运的是，社区里有人为此献血，献血者是谁并不重要，重要的是他们有一颗关怀他人的善心。

我的这番说辞终于让帕蒂接受了献血，这让一切变得有意义了。帕蒂能够把献血看作来自献血者最美好、充满爱意的礼物。果然，帕蒂输血后很快就感觉好多了。通过接受社区的献血支持，帕蒂获得了对抗癌症所需的力量。

界限关乎我们是谁和我们需要什么反馈，由于这些因素在不断变化，我们的界限也要有所变化。这并不意味着，我们应该让其他人去改变我们的界限。我们需要定期反思自己，了解我们需要什么，并相应地做出调整。偶尔，这样做甚至可以帮助其他人找到自己的位置。

20 世纪 50 年代末，米尔顿·艾瑞克森博士在我的起居室成立了一个催眠讨论小组。起初，我喜欢主持那个讨论小组，在俄亥俄州多年感到格格不入后，我很高兴成为亚利桑那州活动的中心。但是，当我怀上第五个孩子时，我的想法变了。每周二关于意识本质沸沸扬扬的讨论开始打扰我，我需要安静的环境休息。我不再参与这些讨论，我只想睡觉。一天晚上，我告诉比尔和艾瑞克森，"就这样吧，讨论组需要另找讨论地点"。我当时怀孕了，身体也疲倦，不想他们在我家开展讨论活动。

他们有点抱怨，我想比尔也喜欢在重要的讨论中扮演核心角色，而艾瑞克森希望讨论一如既往地坚持下去，不久，他们找到了一个更正式的地点来举行讨论活动。此举引发了对该小组长期意图的更多讨论，也引领主要成员成立了美国临床催眠协会。时至今日，美国临床催眠协会仍是健康和精神卫生专业人员的最大组织，他们在临床环境中从事催眠工作。

我设定的界限是我灵魂旅程的一部分，在那一瞬间，比起倾听关于潜意识的冗长辩论，我更需要照顾我体内成长的胎儿，让我的身体为分娩做准备。但这也是艾瑞克森灵魂旅程的一部分，我的决定在讨论会举办地问题上制造了一个短暂的危机，但这对整个团队来说是有益的。这就是边界的强大作用，界限有助于整体利益。

设定界限并不容易。我不喜欢在那种情况下成为一个抱怨的怀孕妻子，就像比尔和艾瑞克森不喜欢被赶出他们舒适的会议空间一样。在我心情好的时候，我可以用幽默来缓解冲突。在俄亥俄州时，我发现自己几乎不能去杂货店购物，不然总有人向我抱怨健康问题，这种情况达到了顶峰。一个星期六的早上，我和四个孩子一起在附近的超市购物，当时比尔不在，孩子们又特别调皮，我精疲力竭，快要崩溃了。一个病人在饼干通道里看到我，径直走向我的推车旁边。我叹了一口气，心想又来了。

令人震惊的是，伊冯娜不是简单直白地向我抱怨，而是告诉我，她的妇科感染已经持续了一段时间，声音响亮地讲述了所有细节。那是20世纪40年代，虽然我在诊所里与病人讨论妇科问题很正常，但在饼干过道里讨论似乎不合时宜。那时我的大儿子在地上打闹，我的两个小儿子坐在推车里，他们听到伊冯娜描述的所有细节后，吃惊地瞪大了眼睛。

当伊冯娜说到体液的细节时，我看到我的大儿子开始倾听了。我受够了，指着超市的地板说道："好吧，伊冯娜，你为什么不直接躺下来，脱下你的内裤？我很乐意在这里给你检查。"我对伊冯娜甜甜地笑了笑，装作准备兑现承诺，把手伸进提包，好像在找医用工具。两个男孩在扭打中僵住了，他们能听懂我说话的语调，总是竖起耳朵听令人反感的词。

伊冯娜的脸瞬间变得通红，她环顾四周问道："是在这里吗？"我提议："或者你可以预约周一的面诊。"好像这也是一个好主意。

"哦！好的，我想我会的。"她尖叫道。

"那么，我们星期一见！"我一边回应着，一边推着购物车走向农产品，感到震惊的两个大孩子跟在后面窃笑，两个小一点的孩子在推车里咯咯笑。我倾向于认为幽默延伸了我设定的界限，至少我应对伊冯娜的巧妙方式，让我的四个孩子永远铭记在心。

我想那个镇上的人之所以对我热情，部分原因是我满足了他们作为病人的需求。我不能总是解决他们的问题，但我成为他们生活中不可或缺的存在。从被彻底拒绝到如今大受欢迎，我只好开始为生活设定界限。

我们对社区的贡献和我们从中获得的好处一样重要。我们很容易忘记这一点，许多人倾向于先考虑社区对我们的好处，其实我们也能从分享中获益良多。那么如何才能开始呢？在任何情况下，我们怎样才能展现最好的自己，为集体生命力做出贡献？

倾听的力量

与玛格丽特的联系，支撑着我在俄亥俄州度过了漫长而忙碌的岁月。玛格丽特住在匹兹堡，我找她只要两小时的车程，这是一件幸事。她也在抚养年幼的孩子，全职从事医疗保健工作。玛格丽特曾在约翰斯·霍普金斯大学接受护士培训，我们泰勒家这些学医的孩子热衷于推广父母关于健康和幸福的观点。我们有许多共同之处，这些将我们紧密联系在一起。

我们尽可能常见面，让我们的孩子一起玩，然后我们开始谈心。我会表达叛逆冲动的想法，而玛格丽特会冷静地分析并给我温暖。她是我最善良、最可爱的朋友。有时候，我因为一些事情而情绪激动，玛格丽特会冲我眨眨蓝色的大眼睛，让我自己冷静下来，她会认真倾听。在工作会议间隙，我们经常通过电话联系。我给玛格丽特打电话，她会听我说完，然后跟我说她自己生活中发生的事，而我也会认真倾听，给她建议。

我花了大量时间、精力依次倾听病人的心声。我真的花时间去听他们说了什么，不仅包括他们身体上的疾病，还有他们在生活中遇到的问题。他们当中的许多人，尤其是妇女，从来没有被他们所认为的权威人物真正听见。他们起初试图说出内心的真实想法，但随着他们对我越来越熟悉，局面开始发生变化。

倾听的技巧让我受益终生，因为倾听通常是积极互动的最佳方式。真正的倾听有助于我们理解彼此的观点和挣扎。我们认真倾听别人，会让他们不那么孤独，而倾听的举动也会让我们不那么孤独。倾听是我们每个人能为周围人做的最重要的事之一。

玛格丽特和我哥哥卡尔对倾听深有体会。卡尔在童年时期身体健壮，常教我如何出拳，还嘲笑我笨手笨脚，之后他进入哈佛大学医学院学习。卡尔在巴拿马和印度行医，然后回到美国。他在约翰斯·霍普金斯大学建立了国际公共卫生学科，这是一大开创性工作。卡尔做过许多项目，其中"未来的一代"是与当地社区合作的项目，旨在改善阿富汗农村地区产妇的健康状况。当卡尔打电话给我，问我是否愿意帮助他完成项目时，我们都已经八十多岁了。

问题是阿富汗妇女在没有丈夫的允许下不会和任何人说话，即使得到了丈夫的允许，她们也相当安静。我们需要进入当地社区，去了解社区的女性是如何分娩的，这样我们就可以看出哪里有问题。在这些社区，婴儿和产妇的死亡率令人震惊，我相信这不仅仅是由卫生问题和物资匮乏所致。如果你是一个很好的倾听者，也许当地居民愿意和你谈谈。

我同意了卡尔的提议，很快坐上了飞往阿富汗的飞机。由于分娩主要由女性照料，我和同事舒克里亚博士选择走进一些乡村，邀请每个乡村的两名女性参加一个居民项目。让女性同意参加这个项目并不容易。事实上，当我们要求与女性交谈时，她们的丈夫不同意。然而当我建议由丈母娘代替时，这些男性倒是很乐意照办。

一个星期以来，我们都住在同一个屋檐下，增进彼此之间的了解。我和同事请这些妇女向我们讲述她们的分娩故事，看看我们能否发现哪里出现了问题。仅仅是倾听这些妇女的声音就让人感觉到力量，她们大多没有机会谈论与怀孕、分娩有关的挑战，她们的故事从来没有人倾听过，甚至当地社区的其他妇女都没听过。我们这样做是为了向她们表明，她们很重要，她们的每一个故事都重要。

一旦女人开始说话，就很容易理解发生了什么，一些女人能够自己解决问题。分娩期间禁食的做法削弱了妇女的力量，让她们在分娩过程中更难甚至不可能用力。未经消毒的脐带切割，使婴儿易受感染。只要简单地改变操作，就可以避免出现分娩意外，降低分娩妇女和新生婴儿的死亡率。既然我们倾听了这些妇女的心声，她们就愿意倾听我们的教导。

舒克里亚博士和我向妇女宣导了关于卫生、营养、解剖学等方面的简单科普。然后，我们把她们送回自己的乡村，让她们在整个社区里传播。当女性接受宣导知识后，她们会互相教导。几周内，我们教给她们的分娩知识通过现有的社区网络传遍了乡村。每位妇女现在需要的是发言，其余的人听她说即可。

像卡尔、舒克里亚医生这样善良的人，以及数百万把卫生保健带到世界各地的国际援助人员向我们表明，我们给他人的最重要的东西，就是我们的存在。我们在阿富汗的首要任务是倾听，而不是修复问题。我坚定地相信，起初要提供一个安全的场所，让这些妇女放心地与我们交流，这与我们后来给她们的教育和资源一样重要。我们必须相信我们的倾听是重要的。

同样，这些农村妇女必须相信，她们要说的话也很重要。大多数妇女从未讨论过自己的分娩过程。许多人从未公开谈论她们的怀孕情况和在分娩过程中失去的孩子，也未讨论分娩时或分娩后不久离世的朋友，也未讨论母亲承受的匮乏的医疗条件，如未经治疗的会阴撕裂和瘘管。她们没有意识到，自己拥有的信息对我们彼此都有价值。

然而，我在阿富汗遇到的妇女很清楚社交的重要性。我注意到，她们经常相互依赖。她们一起工作，一起做饭，互相分享，并询问对方的需求。她们欢迎我加入她们的朋友圈，哪怕我们没有共同的语言、文化、教育水平或经济条件。相反，我们依赖彼此的共同关联：母亲身份、孩子出生，以及我们作为祖母抚养下一代的角色。我们带着各自拥有的东西出现，找到了共性，并一起创造了一个新的社区。

周末，当一些妇女邀请我去山里一日游时，我对我们之间的情感力量感到震惊。虽然我的身体依然很健壮，但骑毛驴上山是一段很长的旅程,我毕竟已经八十六岁了,担心身体应对不了一路的颠簸。一个女人看到我挣扎着站起来,想要伸出援助之手。她伸手抓住我身上唯一可以抓住的带子——胸罩肩带。我就这样和一群阿富汗女人骑着驴上山了,还有一只手紧紧抓住我的胸罩肩带。

在社区中,无论我们能做什么,只要行动,我们就在互相支持。当我们带着我们拥有的东西出现在对方面前时,我们会变得兴奋。当我们无所畏惧地建立联系时,就没有我们爬不了的山,驴子、胸罩肩带等都是我们联系的纽带。

以这种方式将我们的生命力与社区联系起来,具有深远的影响力。社区向我们展示了我们从未考虑的可能性。生命本身通过社区来支持我们。当我们最需要支持的时候,社区会向我们派出帮手,或者会有善良的天使出现。

信任这个世界

女执事医院是一个开创性的医疗机构，成立于1888年，是俄亥俄州辛辛那提第一所综合医院。但当我在医院成立将近六十年后去实习时，那里还没有一名女医生。我从一开始就知道，作为一名女医生，我必须开创自己的道路，就像我母亲之前做的那样。另外，我的大部分医术经验来自我就读的女子医学院，而且在战争时期，女性作为劳动力进入就业市场很受欢迎，所以我希望自己能成为女执事医院的第一名女医生。

这一希望几乎马上就破灭了。我在医院待命的时候没有地方住，虽然男医生有房间可以睡，但我只好带着枕头和毯子睡在X射线桌上。我对这次实习感到很兴奋，因为我会在产科工作几个月。后来有几个月的实习期，我是在骨科手术中度过的。这时我遇到了真正的麻烦，因为外科住院医师长也就是我那几个月的领导，似乎不喜欢我。

我作为一名女性在医学界遇到了明显的性别歧视，这是第一次但不是最后一次。外科住院医师长明确表示，女性不应该当医生，尤其是怀孕的女性。当我开始实习时，我和比尔已经结婚几个月了，我们急于生育我们计划的六个孩子。我第一次怀孕时，住院医师长就表明过他的态度。他开始安排我在早上 7:30 做手术，这意味着我要饿着肚子做手术，因为食堂 8 点才开门。然后我注意到，他给我安排的是时间最长和操作最难的骨科手术。我的晨吐变得越来越频繁，我竭尽全力地认真工作，极力向他隐瞒我的情况。他似乎在努力对我使坏，让我的日子不好过，每出现一个小问题或任务，他就通过对讲机呼唤我，确保我几乎没时间休息，我甚至忙得都站不住脚。

看到我面临被领导刁难的情况，有一些护士在默默支持我。一位名叫露西尔的好心女性就是其中之一，她的工作是在晚上擦地板。露西尔心地善良，有一次我躲在壁橱里孕吐，只好吐在装手术工具的钢制托盘里，她甚至为我打掩护。我刚孕吐完，住院医师长就呼叫我，我慌了，不知道如何及时清理自己的孕吐物。当我打开壁橱门时，露西尔出现了，她坚持要帮我清理，让我去忙活领导安排的任务。

我在那里坚持着，尽我所能地坚持着。住院医师长越来越厌恶我，我继续坚定决心：我不仅要完成实习，还要向他展示女性的能力，即使是怀孕的女性，也像男人一样有能力行医。

突然，每周张贴在手术室黑板上的时间表，开始神秘地变得对我有利。我的名字出现在更合理的时间安排下，而且手术时间较短。

一天，住院医师长在走廊上和我对峙，怒气冲冲，发难道："你为什么要改变时间表？"

我回答："不是我改的！"这是真的，我不知道是谁在黑板上改了时间表，感觉冥冥之中好像宇宙在回应我的祈祷。我并不惊讶，但我很感激，只是不知道谁在偷偷关照我。

很多人都感同身受。在我父母移居印度后的几年里，我父亲的妹妹贝尔·泰勒受我母亲的启发，也去了骨科医学院。当时是20世纪20年代，贝尔姑妈未婚，她就是我们当时所说的"老处女"。尽管如此，她还是来到了印度，开始自己的传教工作。最终，贝尔姑妈退出了传教团，就在离我父母几小时路程的地方结束了自己的传教之旅，在那里开办了一家独立的孤儿院。

1969年，我去看望父母，也去孤儿院看望了贝尔姑妈。许多孩子正在完成一个大项目，在制作黏土砖，做好后放在阳光下晒干。我问贝尔姑妈这些砖是做什么用的，她说是为了建造一个新牛棚。孤儿院的食物一直不够吃，喂不饱许多饥饿的孩子，贝尔姑妈认为，一头好奶牛可以解决他们的问题。

我环顾四周确定没有搞错后，缓缓说道："但是你还没有一头奶牛。"

贝尔姑妈回答："是的，还没有，但是我们的信念会发生作用。我们打个赌，我们建好一个牛棚之后，上帝会送来一头适合孩子们的奶牛。"

几个星期过去了，孩子们做了足够多的砖块，也搭建好了牛棚。砂浆在阳光下晒干了，奶牛还是没有来。他们又建造了一个通道，装满干草，然后静静地等待。

几天后，一头奶牛游荡到院子里，它的乳房胀满了牛奶。它闻到了干草的香味，径直走进了牛棚！贝尔姑妈很感激奶牛出现了，但她对这样的结果一点也不惊讶。

当我们与周围的世界建立一种给予和接受的关系时，我们开始在目光所及之处寻找支持。我们释放出积极的能量，然后又马上收到回馈。就像贝尔姑妈一样，我们可以依靠这种能量。因为我们是创造社区的人，也是让社区强大的人，我们可以相信它会在我们需要的时候出现。无论我们是像贝尔姑妈每天所做的那样，把信念寄托在更崇高的东西上，还是相信我们自己有能力去创造一个支持性社会结构，我们为创造社区所做的努力都有益于我们的集体生命力。天意就是我们得到的支持和回报。

贝尔姑妈坚定不移地相信宇宙在支持她，就像我母亲和父亲的信仰一样，这对我产生了深远的影响。我由那些为社区付出并期待回报的成年人养大。我也变成了这样看待世界的人：我是这个世界不可或缺的一分子，因此我可以完全信任这个世界。

比尔和我在医学院时，身无分文。然而，我想在新婚的家里过感恩节，就邀请了医院的一些朋友。

在感恩节那天，我们都想踢足球。后来，我们计划踢完球，带着朋友们回到我们家吃感恩节晚餐。中场休息时,我向朋友艾丽斯坦白:我什么也没做!我们没有足够的钱再跑一趟超市,我告诉比尔我会祈祷,希望一切顺利。比尔摇了摇头,但他相信当我预感问题会解决时,我的预感通常都是对的。实在不行的话,我还可以提供花生酱三明治。

听我说完,艾丽斯惊恐地看着我并问道:"花生酱三明治?"我只是笑了笑,因为我料想事情应该不会发展到那一步。不知何故,我从骨子里相信会有好事发生。

当我们回到家时,我们仍然希望奇迹出现。我打开餐厅的门,看到一份丰盛的感恩节晚餐摆在桌子上,有馅料、土豆泥、肉汁,还有一只烤火鸡!餐桌上摆放着我家最好的餐具,非常精致漂亮。艾丽斯看了看,笑了起来,她说:"我就知道你在逗我,格莱迪斯!"

我说:"我没有!我说的是真的,我也不知道餐桌上的美食是从哪里来的!"

就在此时,我看到柜台上有一张纸条,原来桌上的晚餐是楼上邻居准备的。他们花了很长时间做晚饭,正准备吃饭时,他们收到了一个家人的紧急信息,只好匆匆赶往机场。为了不浪费丰盛的晚餐,邻居就把晚餐送给了我们。

虽然家人的紧急事件让邻居前往机场,但邻居选择把晚餐赠给我们并不是巧合。我们认识邻居,对他们热情友好。他们看得出我和比尔是一对新婚夫妇,并且在当地也没有亲戚朋友,我想他们喜欢我们。信念让我可以无牵无挂地坐在那个足球场上,我不仅相信上天会关照我的信念,也相信我已经为它创造了合适的条件。事实上,我会很自豪地提供花生酱三明治,有此便已经足够。但是,通过与各层面的社区力量联系,我为奇迹的发生创造了条件——奇迹确实发生了。

如果你觉得周围人不支持你,也许你该问问自己:你真的支持过他们吗?你是为集体生命力做贡献还是从中抽离?你能在关注的地方保持严格的界限,并且与每个人做朋友吗?你是否给周围人带来了快乐和正能量?社区信任你吗?

如果以上任意一个问题的答案是否定的,你怎么能指望集体生命力支持你呢?

社区是一种给予和接受的关系。通过个人的联系,我们创建了自己的支持网络,这会在各个层面上发挥作用。我一次又一次地看到,当我们致力于自己的生命力并通过社区为其赋予能量时,天使就会出现在我们的道路上,给我们安慰,就好像生命本身在支撑着我们。

原来是其中一个天使在女执事医院重新排列日程表中的名字。我对那块不断变化的黑板没有想太多。我只知道,我一定善待了别人,他们也对我很好,这是对我的回报(或者像贝尔姑妈那样,我可以认为这是上帝的祝福)。坦率来说,我当时工作繁忙,太累了,没空在意黑板上的变动,所以我只是想"谢谢你",并试图利用额外的睡眠来帮助我更好地服务病人。

然后,一天深夜,我被传唤去帮助一位病人。我从X射线台上站起来,把枕头和毯子放好,试探性地打开了通往走廊的门。我看见露西尔站在黑板旁边的椅子上,她小心翼翼地把我的名字从早上7:30的手术时间表中抹去,换上另一个实习生的名字。

我偷偷溜回X射线室,没有让露西尔看到我,很明显她想秘密地做这件事。露西尔如果被抓到,很可能会失去工作。我安静地做了一个小小的祈祷,希望有人能对她表示同样的善意。一两分钟后,我再次打开门,看到露西尔推着清洁车走在大厅尽头,好像什么都没发生过。

从那天起,我更加不遗余力地以露西尔应得的善意和尊重对待她。我向自己保证,如果我能以同样的方式帮助其他人,我也会这样做。

当我们为集体生命力做出贡献时,我们每个人的生命力也会受益。我们在生活中找到了更大的目标和意义。我们不仅明白我们是一个更大整体的一部分,而且明白我们如何成为这个整体的一部分。我们始终与生活想要我们做的事保持一致。

自助练习：编织生活中的关系网

1. 想想你的家人、朋友、同事和邻居，他们是你在生活中最常见的人。你自己想一想：我的社区在以什么方式发挥作用？它又在哪些方面不起作用？你是否感受到了一种连接？你们相互依赖吗？

2. 开始回忆那些你感到被社区真正支持的时候。可能是一些简单的事情，比如有人帮你做家务，有人在你哭泣时给予你一个友好的肩膀，有人送你去修车厂等。

3. 然后回忆一下过去你为别人提供时间或支持的时刻。想想任何你给他人带来快乐的小动作。记住看到他们的笑容时是什么感觉。

4. 接下来，问问你自己：什么样的关系需要你的爱和照料？你可以把爱想象成从你心里扩散出来的同心圆。你可以给谁打电话或与谁联系？你可以原谅谁？哪些关系应该有更好的界限？你怎样才能真正与每个人交朋友，哪怕是你不喜欢的人？你怎样才能丰富自己的关系，把生活的关系网编织得更紧密？

5. 让你的双手十指交叉，就像有些人在祈祷时那样，记住你的爱是你最深的祈祷和生命最真实的表达。让你的双手感受到联系和支撑。每当你需要提醒自己注意周围人的爱时，你就可以像这样十指交叉。

秘诀 ❺
一切皆老师

我们可以不断从过去的伤害中获得成长。
伤痛可以影响我们如何面对接下来的情形。

向生活的教训要智慧

转向面对生活是一个过程,可能需要几年甚至几十年,我们才能完全理解自己和我们在周围世界的作用。这个过程由一个个微小的时刻组成,我们可以一次又一次做出小选择。我们可能会问自己:我将如何处理这件事,还有那件事?哪里有机会接受生活给我的东西并将其发挥到极致?我怎样才能拥抱这个机会,哪怕这种情况让我害怕,或者将我推向绝对的边缘?

当我们怀有好奇心,并带着从一切事物中学习的心态来对待生活时,我们会过上最好的生活。我相信学习、成长、吸收经验和不断发展是生活的一部分。当然,我们沿途吸取教训时,便从生活中获得最多。如果我们有勇气去寻找,生活总会给我们新的启示。

寻找勇气,往往是我们最大的挑战。

几十年前,在我六十九岁时,一天深夜,我发现自己在后院。那时,我住在离凤凰城一个多小时车程的地方,星光照亮了天际,突出了浮雕般的仙人掌。那些仙人掌坚挺着,它们带刺的手臂斜成直角,而细长的枝干朝着天空上的星星伸展。我穿着长袍和一双破旧的拖鞋，手臂也向上伸展，似乎是为了表达对命运的不满。我感到被遗弃、被背叛、被遗忘，就像一件挂在衣架上的旧外套。我站在那里哀悼，仰头对着天空号叫，心仿佛沉落在谷底。

我一整天都穿着比尔的大拖鞋。虽然我有一双大脚，但双脚在那双旧拖鞋里像弹球一样咯咯作响，我依然穿着那双拖鞋在家里来回踱步，走路时鞋底拍打着瓷砖地板。我想知道，比尔的灵魂之路发生了什么，导致他做出了与我离婚的选择，这彻底颠覆了我的生活，让我痛苦万分。

毫无疑问，这是我一生中最艰难的阶段。我很快会告诉你更多事情。但首先，我想确保你明白：我并不认为这第五个秘诀很简单。我不认为从生活中寻找教训是一件容易的事，尤其是当我们感到委屈、不幸或者情绪失控时，寻找教训是一种承诺，需要自律和向内求。几乎可以明确的是，我们将步履蹒跚，跌跌跄跄跪倒在地，好像搞砸了一切。

然而，这是我们在灵魂之旅中可以做的最重要的事情之一。当我们把寻找生活中的教训当成习惯时，我们甚至可以感到快乐。我们生命中最艰难的时刻仍然会让我们痛苦，但寻找其中的教训可以帮助我们更轻松地处理小挑战。当我们转向生活时，我们意识到生活也在转向我们。生活总是试图教会我们一些东西，生活通过人、事和思想与我们交流，让我们为学到的东西心怀感恩。

我们在倾听吗？

秘诀 5 一切皆老师

让我们从一个具有挑战性但不那么令人震惊的例子开始。就在几年前,在我穿着比尔的拖鞋到处跑的几十年后,我做出了停止开车的艰难决定。我一直喜欢开车,自从我在大学时驾驶第一辆福特车(那时它已经是一辆破车了,但我喜欢它)以来,开车对我来说就象征着独立。然而,当我接近百岁大关的时候,我的视力开始下降。我拥有这双眼睛的时间比大多数人都要长,而视力根本不可能永远完好。

生活告诉我,现在是时候停止开车了。有一天,当我开车穿过斯科茨代尔一条熟悉的小路时,我撞到了路缘。我是个小心翼翼的司机,所以这很不寻常。我只是没有看到路缘。那一刻,我知道是时候做出决定了。要么假装刚刚发生的事情没有发生,或者假装这并不重要;要么交出钥匙,不再开车。我想到我的曾孙在路上骑车玩耍,邻居和朋友出去遛狗,外面有成千上万个司机,我不认识他们,但他们和我一样有权利活着。最终我交出了钥匙。

如果没有那个路缘,我可能不会停止开车。这是我需要做出改变的警钟。开车撞到路缘是生活给我的教训,我很幸运能够看到并理解这个教训。

在我生命的大部分时间里,我一直从周围的世界中吸取教训。当我们寻找经验教训时,我们会将注意力从痛苦中抽离,并引向生活。生活中的一切都成为我们的老师。以这种心态对待一切,生活就变得更有生命力。这要求我们与出现在我们道路上的一切——绝对是一切——互动。

我觉得自己很幸运，吸取了开车撞到路缘的教训。如果我不理解这个教训，一个更重要的教训可能会出现，那是一个伤害我或其他人的教训。我的一个病人德布也有类似的经历，她过着平常的日子，突然一侧耳朵的听力丧失了。几个小时后，德布的听力仍然没有恢复。她变得惊慌失措，便匆匆去了急诊室。起初，医生也无法解释病因，他们便安排了核磁共振检查。

德布从核磁共振仪出来，周围一片忙乱，原来她有动脉瘤！德布非常庆幸自己已经在医院了，周围都是急诊专家。如果不是德布突然失聪，她可能活不下来。这让她对突然失聪心存感激：失聪告诉她身体出了问题，可能救了她的命。德布感激自己因为失聪前往医院，就像我感激开车撞上路缘一样。

最近，我听到了关于感恩的担忧。在某些情况下，专注于正面的想法会产生负面的影响，这种想法在今天被称为毒性正能量，它可以表现为否认。虽然"毒性正能量"这个词相对较新，但它的含义很传统。

在我穿上比尔拖鞋不久前的一天，我和比尔在厨房里聊天，他因为我说某样东西"太棒了"而生气（也许这是后来走向婚变的一个信号）。

比尔看着我，恼怒地把手举在空中。"为什么你说一切都很美好？这太棒了，那太好了，怎么可能每件事都很精彩？你这样说会让人不高兴。可能他们不觉得这些事有多奇妙。也许你只是在否认事情的本来面目。"

我对此感到惊讶,过了一会儿我才反应过来。我一直认为乐观是我最好的品质之一。"嗯,"我慢慢地说,"因为一切都很美好,这是我看到的部分。我寻找事物的美妙之处,所以这就是我看到的部分。"

比尔只是不耐烦地摇摇头。

关于那次谈话,我想了很多,如果可以,我想说的是:真正的乐观主义是无害的,因为关注积极的一面,并不意味着否认消极的一面。这并不意味着我们脱离了痛苦——无论是身体上的还是情感上的,或者当事情不好的时候假装一切都好。相反,这意味着我们无论如何,都要寻找事物的美好之处。我们允许伤害发生,同时继续从中寻找教训,并对教训心存感激。

看到这些教训后,我们即使处在生活中的艰难时刻,如失去听力或放弃驾驶的自由,也能对教训心怀感激。事实上,往往是面对最大挑战——痛苦、失落、失望和心碎的时刻,比其他任何时候都更能让我们感受到生活的教训。尽管寻找生活的教训,能让我们与乐观主义联系起来并获得感激之情,但这仍然是一项具有挑战性的任务。如果我们遇到的挑战不容易,那我们能做些什么让它变得容易呢?

我们可以从抑制争斗的冲动开始。

如何抑制争斗的冲动

当生活变得充满挑战时，我们很容易觉得时间都在和我们作对。对于那些不相信神秘天意的人而言，我们在生活中遇到的困难、小人和意外，似乎证明了我们只是运气不好；而对于那些认为生活自有天意或者不配拥有生活的人而言，情况更糟。

然而，这些挑战会继续出现在我们的整个生命中。虽然我们面临的挑战内容和挑战程度因人而异、因社区而异，但没有人能够逃避生活的艰难，绝对没有人可以逃避。我们只需要做一个微小但关键的观念转变：从奋力将生命中的挑战拒之门外，到张开双臂欢迎挑战的到来。

回想起来，童年时期的我好像是一个骁勇善战的人，特别擅长打架。我复读了小学一年级，我就有很多机会练习打架。我的哥哥教我摔跤，而玛格丽特和戈登则瞪大眼睛盯着我，我利用新技能保护自己和家人。其他孩子总爱挑衅、欺负我，他们清楚我们家的事，比如在尘土飞扬的田间，我的父母与被社会蔑视的人一起工作。即使在印度，我们也有着不同寻常的生活经历。我热爱纯粹快乐的童年，每个孩子都想融入其中。

有一天，一名外交官的女儿取笑我，因为我母亲与父亲一起工作。小克劳迪娅·诺尔斯站在那里，用精美的发带束起稀疏的金发，操着一本正经的英国口音，坚持说我母亲不可能是医生。"她肯定是个护士，所有工作的女人都是护士。而大多数女人甚至不工作，她们是待在家里主持茶会的称职妈妈。"小克劳迪娅·诺尔斯对"工作"这个词嗤之以鼻，她描述我母亲时好像是在描述一只老鼠或蟑螂。

我不记得我回应了什么，但我永远不会忘记，当我一拳打在她鼻子上时她震惊的表情。

很快，我就和男孩子在操场上玩耍，放学后和女孩子一起用哥哥卡尔教我的右勾拳揍英国人尖尖的鼻子。一个有着漂亮卷发的女孩，嘲笑我自己坚持选择的衣服，我揍了她的鼻子，这让我母亲很不高兴。其他人说我愚蠢，朝我唱低俗小调，他们更不喜欢我了。

有一天早上我醒来后，发现除了兄弟姐妹，我没有一个朋友。那是在青春期前不久，在大多数孩子开始意识到自己的社会地位时，我突然发现自己的处境是多么悲惨。我躺在床上，对自己承认，如果我不做出改变，我一生都不会有朋友。我对自己说："我必须停止打架，但怎么做呢？"我当时和现在一样有主见，并不想成为一个好说话的人。

我开始思考我生命中的人，想知道他们当中有谁基本不打架。

也许，我能搞清楚他们在不同视角下是什么样子。

我很快想到了答案：我母亲。她从来没跟其他人打过架。她当然没有在尘土中乱摸，她甚至没有在口头上反驳，她也不是好惹的人。我母亲能够在生活中完成她想做的事，但她不会以打架、争吵的形式实现目的。

我想到母亲用快乐和幽默处理每一种情况的方式。即使她不同意某人说的话，她也会继续对这个人保持好奇，并认为他可能提供其他有价值的东西。母亲就像那些深深自爱的人一样，有着与众不同的智慧——坚强，但同时又柔韧，就像我和家人在市场上看到的柔软丝绸。

我意识到，如果我想享受生活，跟生活中的人培养亲密关系，我就不能与取笑我的人争斗，而要更积极地与他们互动。我要表现得更像我母亲。我必须把幽默、智慧、自我价值带给那些挑战我的人，这样我才能面对他们的敌意而不反击。

那一刻对我来说至关重要。从那以后，我和其他人建立了牢固的联系，大多数人很难相信我曾经努力去交朋友。九十多年后回想起来，我意识到视角的改变在很多方面影响了我。不仅其他人让我学会停止争斗，生活本身也教我停止争斗。

卧床后，我开始将精力转向与生活打交道，而不是与生活抗争，尤其是当事情变得艰难的时候。从那一刻起，我开始让生活来教导我，哪怕我不同意或者受到伤害。我开始集中精力探究每个挑战能给我带来什么，而不是努力改变正在发生的事情以至耗尽自己的精力。通过这样做，我变得强大，但又柔软、灵活，像丝绸一样，像我母亲一样。

生活中有太多我们不理解的事正在发生，那天躺在床上，我以为我只是在应对社交挑战。我知道这是思维方式的重要转变，但我不知道它会变得多么重要。停止争斗这个简单的概念，将成为我生命中最大的领悟之一。这种转变来自痛苦，来自孤独、拒绝，来自对事情将永远这样的恐惧。在那一刻到来之前，我感觉到的不是快乐和光明，而是沉重和黑暗。然而，就在那一刻，仿佛柳暗花明，我的一切都变了。

挑战推动我们前进，这就是生活中许多事情的真相。我想到了艾瑞克森博士，这名伟大的精神病学家和心理治疗师把我家客厅里的小聚会，演变成一个催眠治疗专业人员联盟，令大家引以为豪。艾瑞克森对意识、潜意识和无意识如何协同工作的兴趣，起源于他十几岁时在床上与小儿麻痹症斗争的漫长岁月。艾瑞克森在自己身上试验了他的理论，利用存储在无意识中的肌肉记忆，训练自己瘫痪和萎缩的腿脚重新走路。在我认识他之前的十年里，他一直在与小儿麻痹症后遗症斗争，不得不再次试用自己的理论来站立。那时，他历经艰辛，肯定很痛苦。然而，他通过独自探索获得的关于大脑和神经系统的经验，大大释放了自己的潜力。这些经验帮助他走向热爱的专业领域，使其创造了一份延续至今的宝贵遗产。

艾瑞克森学会用新视角看待自己神经系统中的病毒，探索病毒向自己展示的心灵力量。我必须学会面对孤独，并思考孤独能教会我什么——最终停止与生活抗争。我们的经历截然不同，但我们同样有思维转变：我们必须重新定位我们的挣扎、抵抗，不要关注我们失去了什么，而要关注我们必须得到什么。

没有挑战，我们就不是真正地活着。我看到今天有很多父母试图保护孩子免受挑战，我很担心。当我们不让孩子冒险，不让他们看害怕的东西，我们就伤害了他们。我们切断了他们与现实世界的联系。这伤害了他们，因为这让他们永远是孩子；这也伤害了父母，因为这迫使父母永远扮演保护者的角色。这并不意味着，我们应该让孩子接触一切。脊髓灰质炎疫苗对世界来说是一项了不起的发明，甚至我母亲也强迫我们这些孩子穿鞋，以防止我们受蝎子和毒蛇的伤害。但是，一点点的危害对孩子来说是好事。

许多心灵之路都涉及成长和痛苦之间的联系。我们无法阻止自己遭受苦难，我们也不应该一直阻止我们的孩子遭受苦难。孩子需要知道自己可以成长和治愈，他们必须为此受到一点伤害。作为成年人，我们也需要这样。我们需要通过自我成长来证明，在经历一段痛苦的时间后，我们可以让生活再次充满能量。

像这样重新引导能量，需要我们把最崇高的自我带到前面，特别是当事情变得很困难的时候。这样做对我们体验生活有所裨益：重新引导能量有助于我们重新融入周围的世界，展现最好的自己，得到最好的回报。

有时做出这种选择,需要我们的意识付出巨大努力。那么,当我们面对生活的挑战却缺乏努力的勇气时,我们应该做些什么呢?这时,我们可以允许意识来引导我们。

梦境的启示

当我们与自己的意识结盟,意识会成为一个很好的合作者。积极的思维能给我们的生活和健康带来翻天覆地的变化。然而,有时我们尽了最大努力,也无法马上克服对挑战的抵触情绪。培养积极的思维习惯需要时间,即使我们拥有这种习惯,出乎意料的事件和日复一日的枯燥环境也会让我们陷入低谷,从而更难应对思维方式。

这就是为什么我们面临最大挑战的时刻,是我们探索梦境的关键时刻。这样想吧:即使你对自己的意识无能为力,你也可以去睡觉,看看会发生什么。

梦境在整个生命中都很重要,梦境是我们的潜意识,甚至经常是无意识和我们交流的方式。有时,强大的生命,如向导、祖先和我们曾经可能认识的其他人会在梦中出现。偶尔,梦境可以告诉我们问题的答案,或者至少帮助我们从新的角度看待问题。你是否相信梦来自某个地方或某个人而不是你自己,并不重要。不管梦象征的是来自外部的帮助,还是来自我们通常较难接触的隐秘角落的信号,都可以给我们带来巨大的裨益。

几千年以来，人们一直利用梦境进行自我指导。雅各的儿子约瑟因被《旧约》(或《托拉》)中的梦指引而闻名。解梦是弗洛伊德和荣格心理学分支的一个基础部分。许多人都做过关于预知未来的梦，比如林肯，据说他在被暗杀的前几晚，梦见了自己被暗杀。将梦境作为智慧的源泉，跨越了文化、宗教和时间。

我一直用梦境来指导自己的生活选择和决定，我鼓励我的病人也这样做。这并不意味着，我们应该总是从字面上来解释我们的梦。梦经常用象征主义来表达观点。如果你在现实生活中不被象征主义吸引，试图自己去解释梦的象征意义会让你感到不知所措。你可能会想："我对解梦有什么了解？"我们要理解的关键点是，既然梦来自我们的思想（或我们的向导、超我、祖先——符合我们信仰体系的一切），我们就是最适合解梦的人。你的梦专门为你而来，你在梦里发现的意象很可能向你传达了梦的意图。如果你认为自己的梦有意义，那梦很可能就有意义。

在20世纪70年代，有一位女士参加了我举办的一些有关整体健康的研讨会，她的故事令人心碎。她有两个儿子，她发现丈夫在虐待其中一个儿子。这位女士立即与丈夫离婚，丈夫因虐待儿子而入狱，但后来，前夫在她不知情的情况下被释放，还绑架了他们的儿子。我与这位女士见面时，她已经几年没有看到儿子了，不知道他们在哪里。在那个绝望的时刻，没什么办法找到被绑架的人，所以她或多或少接受了再也见不到孩子的想法了。

她的遭遇确实令人难以释怀。我不打算让她原谅自己的前夫，或"挺过"悲痛的经历，或试图自我疗愈，或尝试任何其他方法。有些事就是这么可怕，没有解决办法。

然而，我可以帮她渡过难关。她最令人担忧的悲痛症状之一是失眠，因为她反复做同一个噩梦。一夜又一夜，她在厨房里遇到了前夫，他站在儿子面前。她会拿起一把屠刀刺向前夫。但在最后一刻，他总是会举起一个儿子，她最终会刺伤那个儿子。这个令人毛骨悚然的噩梦折磨了她好多年。

当我们分析她及其儿子所经历的痛苦时，她明白这个梦试图告诉她，将能量引向前夫正在创造一个仇恨循环，而她儿子需要的是她的爱。她意识到，她对前夫的憎恨正在影响她，也消耗了她大量的精力，这些精力原本可以用来更好地向孩子传递爱，他们也可能面临着悲剧。她的仇恨不能帮助孩子，只有爱才可以。

我并不是说为她找到了解决办法，我也没有解决办法。如果我能改变这种情况，把她的儿子带回家，我肯定会这么做。但是，我做了一件力所能及的事：我为她的灵魂旅程提出了建议。我帮助她从原本纯粹的痛苦中吸取爱的教训。她必须真正吸取爱的教训，当她这样做了，她就会受到鼓舞。她就是这样努力将注意力转移到对儿子的爱上。虽然这并没有改变她对局面的绝望感受，但改变了生命力投入的地方，而这正是梦境对她的指引，也使她的能量重新回到有建设性的事情上。

我的很多病人都得到了梦的指引，人们在目标、健康和决定上接受指引。梦让意识无法处理的宏观问题变得清晰。

那么，从梦中接受指引的最佳方法是什么呢？

从请求开始。你请求做梦，并准备好接受梦的指引。记住，这不需要精神或超自然的东西，也可以只是对心理起作用的东西，因为你请求睡梦中的自己展示你还不了解的东西。

一旦你做了一个梦，就寻找梦的象征意义。它对你来说意味着什么？有人在你的梦里出现过吗？如果有，那个人对你来说意味着什么？通常，梦境的氛围最能说明问题，梦境的实际内容可能毫无意义，但伴随着梦境的潜在感觉可以回答我们的疑问，并帮助我们找到苦苦追寻的观点。

随着时间的推移，这种观点也会发生变化，这是一件好事！记录梦境可以帮助我们以后解梦，而且记录的次数越多，我们就越有可能记住梦。仅仅是记录梦境的行为就向潜意识发出了一个信号，即梦境值得被记住。无论是通过日记、视觉艺术还是录音，我们都可以尝试记录重要的梦境。这样做将帮助我们从接收的信息中获取更多意义。

在我们的一生中，坚持记录梦境，是一个很好的行为习惯。随着年龄的增长，我发现梦境变得更加丰富多彩了。但是，当我们遇到反复影响我们的问题时，记录梦境对我们特别好。我们都会遇到一些长期挑战——不管是身体上的、情感上的还是精神上的问题，或者更多的时候是三者兼有。

当你一直受伤

当我们选择把一切看作老师时,我们就学会了相信这个过程,即使我们当前的环境让人感觉不可能,这样做也值得。如果我们幸运,我们就会慢慢学着自动转变我们的视角,而不用去思考。当我们面对不断重复的挑战时,这是一项特别有用的技能。

这是有科学依据的。研究发现,思维模式和慢性疼痛管理之间存在关联。这就是为什么认知行为疗法现在常被推荐用于治疗持续性疾病,如类风湿关节炎和偏头痛,这两种疾病都是严重、偶发、常使人衰弱的慢性疼痛。这些慢性疾病包括复发的症状,每次症状都一样。然而,我们一旦改变对疼痛的看法,就可以稍微阻止病症复发,这种观念的转变对病症具有重要的影响。

一些患有慢性疼痛的人甚至赋予疼痛意义。我那个一直积极向上的朋友伊夫琳,多年来一直忍受着慢性疼痛,走过了卡米诺·德·圣地亚哥的小径。伊夫琳学会了用画画的方式挺过疼痛暴发期,她感到累了,就用画笔涂色。伊夫琳不停地画,直到她感到"叮"的一下——快乐、幸福和释怀瞬间迸发,她才会把颜料收起来，继续好好生活。伊夫琳把这些画作当成艺术作品。伊夫琳的想法表明，当我们敞开心扉接受观念的转变时会发生什么。我相信慢性疼痛给我们的主要教训之一就是：自身的视角有力量。

另一个病人正经历着黄斑变性，我至今还在指导她。她的视力在缓慢丧失，这是大多数人都感到害怕的事。然而，在没有生理视觉的情况下，她乐观地说自己能感知更多。她曾对我说："我可能正在失去视力，但我并没有失去视野。"她学会了接受这个过程，适应其他感官提供的帮助。她越来越清楚自己想要用仅剩的视力完成什么。这并没有让她的失明变得不那么悲惨，但确实提供了一个有用的背景——将她的失明与目标联系起来。不仅如此，她的这种乐观心态还能激励他人。现在我百岁的眼睛已经让我不能很好地开车了，也让我的阅读变得更吃力。这让我有理由经常想起她关于视力的说法。待在家里的时候，我听着有声读物，想象我接下来要做什么和创作什么。我有很多时间去设想我的下一步，对此我很感激。

有时，反复出现的挑战会让我们看到一直被忽视的东西，或者我们过去没培养的能力。我最近接诊了一位病人沙立，她到家里来找我。

沙立有一个很适合她的创造性职业，但这需要她在电脑前花很长时间。沙立的右肩持续疼痛和紧张，她越来越难以工作，尤其是在新冠疫情期间，她上网时间增加了。沙立坐在我旁边的椅子上，周围都是我的杂乱物品，她问能帮我做什么。

我说有问题要问她。我问沙立是否在儿童或青少年时期常使用右肩。她解释道,小时候花了很多年时间打垒球,总是用右臂。沙立回答时,脸绷得很紧,所以我想听听她更多关于垒球的回忆。沙立喜欢队友吗?她喜欢打垒球吗?

沙立越过我的肩膀看着窗台上的一株植物,仿佛在努力回忆过去。起初,她马上强调自己喜欢这个游戏,但后来她的语气软了下来。"我想着,确实是我爸爸做的决定,不是我自愿选择的。爸爸想让我打垒球,我想让他开心。垒球也打得越来越好,这是事实,但我不知道自己是否愿意一开始就选择打垒球。"

我觉得沙立的回答很奇怪,不禁疑惑:"那么,你会选择什么呢?"

那一刻,沙立面露喜色,但很快她的脸色沉了下来。她说道:"噢,我肯定会成为一名舞蹈家,我一直梦想成为舞蹈家。"沙立继续解释道,她的学校旁边有一个著名的舞蹈工作室,她的许多朋友都去过。但是,沙立的父母担心工作室倡导苗条的体形,他们不希望小女儿内化这些信息。所以沙立的父母不让她进入舞蹈学校,而是让她参与垒球运动,这无意中让沙立误解了父母的想法。"我想,既然父母想让我打垒球,我就没资格跳舞。这可能也不是他们想要传达给我的想法,我现在作为一名家长,突然意识到了这一点。但这是我当时对这件事的解读。"沙立说这些话时回头看了我一眼,用力地抿紧了嘴唇。

秘诀 5 一切皆老师

我建议,沙立平常可以跳舞,不是为了表演而跳舞,而是毫无理由地跳舞。沙立开始把五分钟的舞蹈时间融入工作日,慢慢地,她的肩膀肌肉不那么紧绷了。她的不合理身份,即一名"不够好"、不能跳舞的垒球运动员,是导致她痛苦的原因。事实上,沙立的痛苦是想让她知道自己会跳舞。作为一个成年人,沙立现在完全掌握了自己的生活,唯一阻止她成年后跳舞的人是她自己。

那天在我家,沙立明白,只要她感到肩部肌肉越来越紧张,她就可以站起来跳舞。这种紧张是一种邀请,沙立选择接受紧张。慢性病就是这样,会给我们反复练习寻找和做出选择的机会。

多年来,许多慢性病患者来到我的办公室。这些慢性病很难诊断,往往也更难治疗,是普通医疗界最常见的需要整体治疗的疾病。每个人都清楚,这些慢性病涉及一系列复杂的因素,每个患者的病因又截然不同(我倾向于相信,基本所有的疾病都是这样的,但并不是每个人都同意我的观点)。

我喜欢看诊有慢性症状的患者,因为在很多情况下,把他们的病症和生活联系起来是最简单的破解办法。在尝试无数次不起作用的"快速疗法"后,患者开始从更多的角度考虑问题。

几年来,我发现自己经常指导两名中年妇女,她们都有红斑狼疮的慢性症状。同时治疗她们两人的病症,让我能同时看到效果,我也会注意到对一个人有疗效的方法,不一定对另一个人有疗效。

其中一名患者珍妮特的治疗似乎有所进展。随着时间的推移,我看到她处理症状的方式有进步。红斑狼疮促使珍妮特尝试不同的饮食，培养新的作息和运动习惯，并将社交活动调整到一个更温和的节奏。珍妮特从红斑狼疮中学到了如何过一种更平衡的生活。她经常来到我的办公室，来的时候神采奕奕，以至当她列出症状——可怕的头痛、关节疼痛和炎症时，我都会感到惊讶。因为我实在无法想象，她在日常生活中遭受了这么多病痛，却仍然能够保持积极乐观的心态。

另一名患者劳拉感觉遇到了困难。不仅她觉得自己遇到了困难，我也感觉她周围有一种停滞不前的负能量，好像有什么积压的能量她不能或不愿释放。我并不想忽视劳拉所经历的一切。红斑狼疮是一种具有挑战性的疾病，深深地影响着患者的生活。然而不知何故，劳拉似乎更关注红斑狼疮的病症，而没有把重心放在生活上。因此，尽管我对珍妮特和劳拉进行了同样的尝试，但劳拉的症状似乎从未缓解。

当我在诊治珍妮特和劳拉的红斑狼疮时，我发现自己迫切希望劳拉能学习珍妮特的心态。这两名女患者都很痛苦，她们都受到了身体炎症的折磨。然而，劳拉似乎一直在受苦，而大多数时候，珍妮特却没有。珍妮特的红斑狼疮似乎与她的生命力融为一体，而没有耗尽她的精力。珍妮特正从她的身体中学习如何生活，比如如何找到目标和心流，如何对不适合自己的食物和活动说"没关系，这不重要"，如何依靠自己的社交圈，如何练习充满爱的自我护理。珍妮特允许身体教她过上松弛、快乐的生活。

我想知道,我该如何教劳拉形成珍妮特这样的心态。

为了理解珍妮特和劳拉面对疾病时截然不同的心态,让我们内省自己在遭受痛苦时经历了什么。有时候,当我们遇到生活的挑战——收到可怕的诊断,遭遇经济困难,或者一段关系突然破裂时——我们可能会不知所措。在我们最痛苦的时刻,我们如何找到解救自我的方向?当我们身心疲惫、希望破灭,一切都不可挽回时,我们如何说服自己去吸收经验教训?

至暗时刻

我曾陷入至暗时刻，是时候把这一点告诉你们了。在我将近七十岁的时候，我接受了截至当时第五个秘诀的最大考验。

在我八十岁出头时，我在旅途中遇到的某个人说，看到我这么快乐，猜测我一定"过得很轻松"。我笑着回答："亲爱的，如果你了解我的经历就好了！"我刚刚走出生命中最艰难的十年，并且我对痛苦经历没有遮遮掩掩，社区里每个人都知道整个事件的来龙去脉，包括我的丈夫比尔是如何决然结束了长达几十年的婚姻关系，是怎么拆散了原本合作经营的诊所，又是怎么与我们诊所的一名护士在一起了。

大家不知道的是，这不是比尔第一次考虑结束我们的婚姻，因为我几乎没有告诉任何人这一点。在俄亥俄州，比尔也与另一名护士有过关系，不过他从未承认过，虽然我有所怀疑，但我还是相信了他的话。我确切地知道，当比尔突然宣布婚外情时，离婚协议已经在他的公文包里装了六个月，他希望我尽快签署。当时，我们有四个不满十岁的孩子，离婚的情况并不普遍。我很震惊，我没有做错任何事。在比尔驻扎在其他州服役的漫长岁月里，我一边独自抚养孩子，一边经营我们共同的诊所。当时的日子特别艰难，我们有一个护士的母亲在国外生病，她要经常去看望母亲，我突然开始怀疑这个故事情节。我表明了自己的态度：我和比尔曾在婚礼现场彼此承诺，到目前为止，我们已经遵守这个承诺十二年了。我们一起生活，一起抚养孩子，我想继续和他在一起。不管出现什么问题，我们都会想办法解决。

我和比尔千里迢迢来到美国中部堪萨斯州，接受为期一周的两性婚姻关系咨询。我试图按照治疗师的建议，变得更加温顺。有人说我对比尔太任性了。我野心勃勃，盛气凌人。比尔和我一直以来的互动方式是分享想法，进行长时间的哲学讨论，作为商业伙伴和配偶一起工作。这种方式是不健康的，因为这不是丈夫和妻子应该有的互动方式。那是20世纪50年代，我已经内化了许多关于女性顺从的想法。当我嫁给比尔时，我以为他是一个与众不同的人，他想要一个与众不同的妻子，看来是我想错了。这是一个令人失望和困惑的现实，我铭记在心。我向后退了一步，让比尔带路。

此后不久，比尔带着我们全家去了亚利桑那州，我们开始对整体医学产生兴趣。啊哈！我想，比尔不仅需要一个妻子，还需要一个合作伙伴，我们的工作关系变得更加牢固，我们的友谊也是如此。在随后的几十年里，我们的工作和关系都有了极大的发展。我们一起主持了一次又一次研讨会，复印了要邮寄到世界各地的时事通讯，亲手在每个信封上贴邮票。我们经营的诊所越来越有名气，也相当成功。我们在社区有很多朋友，他们把我们的婚姻看作两个优秀心灵的结合，以及感情和事业稳步发展的支柱。我和比尔会谈心至深夜，迸发出新的灵感，一起探索新的可能性。我们是很棒的合作伙伴，很高兴在亚利桑那州又生了两个孩子。在我看来，婚姻治疗师的建议把我们推向了美好生活的下一个阶段。只要我让比尔赢得大多数争论，让他主导我们的生活，我那活跃和好奇的天性就会被接纳。我们的孩子长大成人了，也走进了婚姻的殿堂，我们成为爷爷奶奶。生活还在继续。

可是突然有一天，比尔在最初提出离婚的三十五年后，开始争取让我们繁忙的诊所里一名护士成为管理者，这就要求我放弃领导角色。比尔的这个想法看起来很奇怪，虽然她是个好护士，但无论如何她都不是有天赋的领导者。事实上，几乎没有人喜欢这个护士，唯一喜欢她的人似乎只有比尔。他们会一起出差，有时在办公室工作到很晚。在这名护士为我们工作的这些年里，比尔和她之间的关系有了很大的发展，我问过比尔几次他和这名护士之间的关系，但比尔总是对我的担忧一笑置之。

我反对比尔提议的行政管理变动，建议他去橡树溪峡谷好好想想是选那名护士还是找我作为管理者，那是我们最喜欢的自我反省之所。

那个周末，我一直祈祷我认识的那个比尔恢复理智。我在格莱迪斯和格莱迪斯博士之间有过多次身份转换：格莱迪斯是我的一小部分，仍然想反抗；而格莱迪斯博士是一位明智的顾问，明白事情的真相。格莱迪斯害怕了，但是格莱迪斯博士确信不管接下来发生什么，她都会挺过去。

接下来发生的情况实在糟糕透顶，或者说当时看起来是这样。比尔回到家，突然递给我一封信，这封信他已经交给了我们六个成年的孩子，还有我们诊所的董事会。比尔在信中解释，他的灵魂需要独处，所以他要和我离婚了。我第一次听到这个消息，但那时其他人都知道了。比尔说，这是一个正确的选择，是他灵魂之路不可或缺的一部分。我心想，我的灵魂之路并没有被考虑，我们已经结婚四十六年了。

那天晚上，比尔搬进了客房。不久之后，他就搬走了。

比尔几乎带走了他所有的东西，也许是想证明他再也不会回来了。他留下来的少数几样东西之一是那双旧拖鞋。在比尔离开几天后，我在房子周围徘徊、呻吟和哭泣，试图让身体动起来，这样我就不会被恐惧支配。我一直盯着那双拖鞋，感觉它好像在向我眨眼。

最后，格莱迪斯博士开口了："现在，格莱迪斯，母亲总是说要了解一个人，你就必须站在他的立场上。穿上比尔的鞋子，试着去理解他。"

听从这个建议几乎消耗了我全部的生命力。

我穿着那双拖鞋走了一整天直到深夜，我在房子周围踱步，漫无目地地走到院子里，那就是我最后号叫的地方。

几个月后，比尔给我邮寄了一封信。信封中是比尔的婚礼邀请函，结婚对象是那个后来成为管理者的护士。比尔让她负责曾经属于我们的诊所，我被迫离开那个诊所，以便他们可以一起经营。事实证明，比尔的灵魂并不需要独处那么久。

尽管我有所怀疑，但我一直愿意相信比尔的话，愿意相信他和那个护士只是好朋友。而且我觉得我们的婚姻很牢固，我们在各方面都是真正的伴侣。比尔选择离开我，就已经摧毁了我们的关系，发送婚礼邀请让他的选择很明显。我们几十年的婚姻感觉像一场闹剧。我从未感到自己这么受伤或耻辱。

比尔把邀请函寄到了我的新诊所。我咬紧牙关熬过了这一天。但是在回家的漫长路途中，我双手紧握方向盘，在高速公路上飞驰，我开始尖叫。这不是在家中院子里发出的痛苦哀鸣，而是更深刻的情绪宣泄——开始是呻吟，慢慢变成咆哮，最后变成吼叫。这是纯粹而简单的愤怒，就像我在操场上打出右勾拳的愤怒一样，就像要求我为生存而战斗的愤怒一样。我对上帝尖叫，我对比尔尖叫，我对生命本身尖叫。我尖叫了将近十分钟，觉得自己停不下来，意识到自己不想停下来。

然后，就像我突然开始尖叫一样，我突然停下来了。

那一刻，我意识到一些未知的东西向我袭来。格莱迪斯博士出现并控制了局面。在那之前，对我而言，我的未来是和比尔维持婚姻，但现在一个从未想象的未来正在我眼前缓缓展开。在那样的未来里，有些事值得我感激，有一个机会摆在我面前。这一经历教会了我一些东西，尽管我还不知道这个"东西"是什么。

我想起了母亲，她像丝绸一样柔软而坚韧。我记得大学里其他女孩称呼我"快乐萌屁"，这是对我的一种不太礼貌的叫法。我不能改变比尔的决定，但我可以改变自己的心态，无论如何，我都要快乐。格莱迪斯博士建议道："即使是在这种情况下，也有值得庆幸的地方。"我把车开回公路上。几天后，我申请了一个新车牌，它在我的车尾保留了很多年，车牌上面写着"BE GLAD"（快乐点）。

我开车穿梭于大凤凰城，我的婚姻在众目睽睽之下被解除，即便如此，我还是心存感激。我把车停在我和女儿海伦开办的新诊所停车场，虽然我已经过了正常退休年龄，但我们还是努力为这家新诊所申请了私人贷款。我听从了内心深处的想法，吸收了教训，发现生活还在继续。

不管我们多么沮丧，不管我们多么不清楚如何应对正在发生的事情，我们的内心深处都会有对策。总有一些微弱的声音，可以指引我们去面对生活中的挑战。我称更聪明的自己为格莱迪斯博士，你也可以想叫什么就叫什么，但我相信你也有一个昵称。我们每个人都有智慧，可以度过至暗时刻，我们必须坚信这一点。

当我们面对生活中最艰难的挑战时，就像我在车里的情形那样，我们选择寻求智慧和教训，不管我们多么伤痛，我们的生命力都将重新点燃。当它发生时,我们能感觉到。我们的生命有一种升华、跳跃和突如其来的自由感。这种感受很强烈,因为我们的生命力确实非常强大。

不管怎样,生活都会继续向前,就像我们在经历至暗时刻之前那样。新的挑战层出不穷,我们继续动摇选择光明的决心。疗愈不会在做出选择的那一刻发生,疗愈是一个持续的过程。但随着我们向前走,奇迹发生了——我们开始从过去的痛苦中汲取经验教训。我们意识到,我们可以不断从过去的伤害中获得成长,而且这些伤痛可以影响我们如何面对接下来的情形。

一个又一个教训

把生活看作一位老师，意味着只要我们还活着，就会学到很多经验。不要着急，人生经验会自然而然地到来，功到自然成。

比尔离开我之后，身为牧师的儿媳波比劝慰我："这只是您生活中的一个小插曲，整个人生好像一块壁毯，如果您看得太近，您只会看到单独的线和结，而那只是壁毯的背面。但如果您继续向前走，您会看到壁毯的整个样貌。"

波比是对的。

我花了很多年才充分从离婚中总结出经验。虽然我对吸取教训的态度瞬间发生了变化，但我在车里情绪失控的那天，我并没有接受所有教训——远远没有接受。

在随后的几年里，我逐渐明白，比尔想和别人在一起就是我们不能在一起的充分理由，哪怕我想和他保持婚姻关系。我明白，多年来，我强迫自己成为一个我以为他需要的端庄妻子，把自己压得很低，起初这对我们的亲密关系有帮助。事实上，这可能为我们后续的离婚风波埋下了隐患，我的顺从让自己后退了一步，让比尔引领我们俩的生活和事业之旅。如果比尔没有占主导地位，我是否会对他带入我们家的所有人和想法持开放态度？如果不是比尔坚持搬到西部，我是否同意去？

但是随着时间的流逝，把我的需求置于他之后，对我的灵魂使命造成了伤害。再加上我坚持认为自己不聪明，导致我一直让比尔在我们俩的合作中担任领导角色，这种情况已经过去很久了。我让比尔写时事通讯，让比尔重写我的演讲稿，我们是"比尔和格莱迪斯医生"而不是"格莱迪斯和比尔医生"。

格莱迪斯博士这个身份，给我的灵魂带来了很多东西。虽然离婚感觉像是我生命的终结，但我离婚三十四年后美好的今天告诉你们，事实并非如此。事实上，从那以后我的生活变得更加美好。我开始写书，发挥自己的领导能力，成了我一直想成为的人。我和女儿海伦一起经营这家新诊所长达二十五年。

在那段时光里，我面对了数不清的其他挑战。到目前为止，最大的挑战是我们坚强聪明的女儿安娜莉娅的去世，她是我心爱的"安妮·露"，五十岁时因癌症离世。我的四个兄弟姐妹也都相继去世了。失去亲人是我们经历的最大悲剧之一。死亡本身就是一种挑战，无论是我们非常亲近的人离世，还是宠物离世，或者我们在玻璃窗下发现一只小鸟死去。但是我们必须学会正确地面对死亡，给死亡留一点空间，同时保有对生命的感激之情，因为我们迟早都要经历死亡。死亡只是日常生活的一部分，就像生命的潮起潮落。我们必须经历死亡的悲痛，否则我们就切断了与生命的联系。我们必须让我们的孩子体验它，我们在一生中必须面对它，否则我们就会封闭自己，远离活着的现实。

离婚本身就是一种死亡，我从离婚中吸取的教训引导我度过后来的悲伤时期。"BE GLAD"一直伴随着我，它不仅印在我的车牌上，也是我的人生哲学。我在车里的那一刻并没有改变一切，但无疑是我人生更大转变的开端。我在童年时期学到的教训重现了，并且现在变得更加深刻：它告诉我们一旦我们选择不去战斗，可能会发生什么。

然而，我仍然花了整整十年时间，来消解愤怒和比尔的背叛。我最终意识到，自己仍然爱着比尔。对，我依然爱着他。我依然爱着曾娶我的比尔。比尔是我的搭档和朋友，我们的灵魂注定要走在一起，我们完成了这段旅程。

随着我进一步释怀离婚的悲痛，我开始接受新的教训。多年来，我一直是比尔的妻子，在与他离婚的最初几年，我仍然放不下妻子这个身份——我是比尔的第一任妻子，与比尔离婚的妻子，他选择离开的那个人。适应离婚后的新身份需要时间。一旦我熬过来了，我就能接受我一直可以扮演的角色——比尔的朋友。这就是我今天认为的我和比尔的关系，尽管比尔多年前就已经去世了。我们是朋友，我们的生活交织在一起，毫无疑问，我们将在未来的生活中以其他形式再次相遇。我们一起成长了很多。我们的关系当然还没结束。

在生活中,常常是过时的身份给我们带来痛苦。这里很重要的是,我们要把生活看成一个老师,因为生活把我们都定位成一个学生。这也许是我们在生活中最重要的身份之一。我们可能是女儿或儿子,父亲或母亲,兄弟姐妹或朋友;我们可能痴迷于宗教信仰;我们可能是无神论者;我们可能来自这个或那个国家,或有一个对我们很重要的政治身份。然而,把自己理解为生活的学生是最重要的认同,这样我们就更易接受挣扎和喜悦。

事实上,把自己当作生活的学生,至少会让我们的一些挣扎演变成快乐。

我有一次从珍妮特和劳拉身上学到了这个教训。

事实证明,她们两个人对红斑狼疮的理解大相径庭。有一天,我对珍妮特进行了一次治疗,在此之前几个小时,劳拉也接受了一次挑战性的治疗,而劳拉的症状一直没有改变。我想起劳拉,并目睹珍妮特的成功,我问珍妮特是否认同自己的疼痛。

珍妮特回答:"哦,不,我有疼痛,我也有红斑狼疮,但是疼痛和红斑狼疮不是我。"珍妮特描述了她如何应对病痛发作,她把"红斑狼疮朋友"放在房间对面的椅子上。珍妮特是一位老师,她总是在教室里放一把空椅子。每当她的疼痛加剧,她就会看着椅子,她心想:"红斑狼疮病痛,你坐在那里,不要站起来,我就在这里。"她和红斑狼疮病痛会坐在房间的不同位置,在一起但又分开。

我发现珍妮特应对病症的方法与众不同,我第二次见到劳拉时,也问她是否认同红斑狼疮带来的痛苦。劳拉很快就回答,她为患有红斑狼疮而感到自豪,她已经克服了很多困难。劳拉指着窗外说:"事实上,我甚至像您一样得到了一个车牌,格莱迪斯博士,您看到了吗?"我向诊所的停车场望去,看到她的车就停在那里,离我的车只有几个车位,车牌上写着"LUPUS"(狼疮)。

我坐在那里,震惊万分。劳拉完全不理解我的车牌有何意义:我把自己定位于我想要效仿的东西上,而她把自己定位于她正努力克服的挑战上。我不想暗示,她因红斑狼疮而感到疼痛是她的责任。然而,我突然明白为什么她的病痛这么严重。

我试图引导劳拉将自己的身份与病症分开。我想让劳拉明白,虽然她患有红斑狼疮,但她没有变成红斑狼疮。我希望通过那次治疗,劳拉的红斑狼疮有所缓解,但事实上并没有。只要劳拉还是我的病人,她就继续深受红斑狼疮之苦,还继续开着那辆让她想起这个事实的车。

如果你发现自己在处理一些似乎不可能的事,或者像我在比尔离开后那样对世界大喊大叫,那么重要的是承认你面临的挑战很严峻。首先让自己感受挑战的强度,然后让自己认识到这个时刻是有力量的。你正面临着一个重要的机会,现在是开始询问一些问题的好时机。我必须学习什么?这段经历对我有什么启发?我还能怎么看待这个问题?然后,如果你能做到,要快乐!如果你还不能对现状心存感激，那也没关系，感激自己决定去尝试。试着微笑，如果可能，让自己大笑出来。揉一揉肚子，放开声音。即使一点都不好笑，并且你不知道一切将如何发展，你也要这样做。提醒自己，这并不意味着你应该受到责备，而意味着你是唯一有可能扭转乾坤的人。

像珍妮特一样，问问自己房间里还有什么，也许有帮助。看看你的周围，是只有痛苦、愤怒、悲伤还是有别的什么？是否有一把椅子供你的挑战坐着？是否还有其他装置，或者有其他角色，如快乐、好奇或惊叹？房间里还有什么和你在一起？你在房间的什么位置？你是只发生了这件可怕的事，还是在某种程度上遭遇了更多？

启动观点的转变需要练习。刚开始几次你会感到尴尬，甚至有被迫的感觉。但是练习的次数越多，你的观念会变得越自然。最终，这个简单的概念有能力改变你的生活，让你的体验更加愉快、更有意义。

当我们懂得每件事都是一种选择，每一刻都是学习的机会时，我们就不再退缩。我们明白，无论经历顺境还是逆境，生命都是为了活着，直到最后一刻。

自助练习：寻找生活中的教训

这个练习并不容易，更像是一种实践：我们一遍又一遍地练习，希望有一天可以成功。我们永远要对自己温柔善良。

1. 为了更容易进入练习，我们将从更舒适的记忆开始。回想一件教会你很多的事。这可能是一个简单的教训，也可能是一个温和的教训，但不要在这里选择一个艰难的教训，要选择一些不会引发强烈情绪反应的东西。

2. 然后梳理你的思维，回顾在该事件中学到的教训，从中吸取积极的养分。去真正感受其中的积极能量，让积极能量像阳光一样洒向全身。你正在为后续的练习积蓄力量，所以先让自己沐浴在积极的氛围中。

3. 当你准备好后，让你的思绪游走到现实生活的困难上。这可能与身体健康、情感、人际关系、财务状况、周围的世界或其他任何事情有关。去选择一些艰难的事——感觉不公平或不值得的事。

4. 接下来，全方位考虑让你感到困难的事。开始问自己一些问题，比如：这在更大的范围内对自己的灵魂意味着什么？我在这里能学到什么？我能从这次极具挑战性的经历中获得什么智慧？这段经历如何改变我与过去、现在、未来的关系？这段经历教会我什么？想象一下多年后你回顾这一挑战时，你可能从中学到什么，甚至这段经历怎样帮助你成长、蜕变，让你的生活更丰富多彩。虽然有时很难释怀痛苦或悲伤，但请试一试，因为痛苦中也有礼物。

5. 然后，祈求一个梦来指引你没有看到的东西。睡觉吧，让你的潜意识告诉你这个过程，一旦你的梦到来了，就继续前进。一醒来就记录你的梦，这样你就能得到所有细节，甚至那些没有意义的细节。

6. 思考一下你所记录的梦境，梦中的不同人物、地点、阶段、行动和事件如何帮助你理解挑战？

7. 无论你找到什么答案，都要心怀感激之情。这并不意味着你要对正在发生的事心存感激，而是意味着哪怕你能看到一点点积极的东西，都是一个奇迹。无论它多么微不足道，都要感激你找到的任何教训，感激你自己有足够的勇气去寻找。

8. 完成上面的练习后，让你的双手掌心接触，大拇指抵住心脏。这种祈祷手势，或者一些人所说的"合十礼之手"，是感恩的普遍象征。在印度斯坦语中，namaste的字面意思是"我向你鞠躬"。在这个练习中，我们是在向充当老师的生活鞠躬。

秘诀 ❻
疯狂地投入能量

有意识地将我们的生命力投入那些将回馈我们的事物中,
挖掘出源源不断的积极能量和光明。

使用能量是一种投资

从我童年学着不去打架的那一刻起,我每天把能量放在让我感觉幸福和美好的事上。这让我活得很长,并且非常快乐,至少是足够快乐。很多人向我取经,问我做的和别人做的有什么不同。我的答案难以用语言表达。我花了近一百零二年的时间来解释它。

之所以难以言表,是因为答案的核心在于能量。

生命本身就是能量。

我花许多年治疗了很多病人,试图站在许多阶段来解释这个问题,让它听起来不太离谱。事实是,它并不离谱,就在这里。热力学第一定律指出,能量不会被创造或毁灭,能量只是改变了形式。我们所知道的世界就是能量。能量就在我们周围,就在我们体内。就像蘑菇、花朵、毛毛虫或大象由能量构成一样,我们也是如此。生命力流动的方向就是能量的方向,这就是能量在我们体内流动的方式。这是能量的来源和去向。

因此,活得好,只不过是一场学习如何引导能量的游戏。它需要我们将爱的注意力引向我们内心起伏的脉搏,找到能量运动的精准节奏，沉浸其中。一旦我们这样做了，生命就会迸发活力。生活和能量之间就会形成快乐的互动。我们日复一日、时时刻刻在爱的流动中找到幸福。我就是活生生的例子。

要做到这一点，我们必须重新思考有关生活的一切。生活是为了连接更多生命。因此，我们被召唤去拥抱我们灵魂中的野性，寻找我们每时每刻都在这里的原因，寻找一次又一次激励我们的东西，并为此付出我们的生命力。

当我们完全整合了前五个秘诀时，我们就能够有意识地将我们的生命力投入那些将回馈我们的事物中，挖掘出源源不断的积极能量和光明。简单来说，当我们把能量与生活结合起来，我们就会与源头建立一种妥协、分享的关系。我们不再需要创造自己的能量，这是一场必败的战斗，因为能量不会被创造或破坏。相反，我们将能量投入生活中。然后，当我们需要的能量不够时，我们只需要收回投入的能量。

我把这个秘诀留到最后的原因是它最难解释。我们难以理解第六个秘诀，但我们可以感知其真谛。它要求我们挖掘最深层的认知——那种绕过思考的头脑，直接进入我们身体和灵魂的认知。我小心翼翼地将这个秘诀命名为"疯狂地投入你的能量"，而不是"理智地投入你的能量"。尽管智慧是一件值得追随的美好事物，但有太多的人将这句话与过度认知的智慧联系起来。这个秘诀不是关于这种类型的智慧，而是关于我们野性的智慧，我们身体的智慧，宇宙循环的智慧。当专注于增加能量的事物时，我们自然会远离那些消耗能量的东西，不会过多地关注它们。

我们生活在一个崇尚个人主义的时代，现代文化提倡自尊和独立。我们可能会想：我是谁，能联结比自己更伟大、更重要的东西吗？这是否意味着我不伟大或者我不重要？这种思维方式鼓励我们囤积资源。我们被告知要节约我们所拥有的东西，要巧妙地分配资源，这样我们就能确保有足够的资源。

然而，以这种方式看待世界，会有一种压抑感和束缚感，阻碍生命本身的流动。我向你保证，如果你正在读这本书，你的心脏在跳动，你的血液在流动，你的呼吸还在继续，那么你仍然有剩余的能量可以利用。当我们被禁锢在恐惧中，停止运用我们的能量时，我们不仅阻止了生命力从我们自己流入这个世界，也阻挡了本该回到我们身边的生命力。

我们对物资匮乏的恐惧可以追溯到几代人之前。最近有人对表观遗传学以及基因根据生活经验"打开"、"关闭"和传承的方式做过研究，结果表明我们仍然在应对祖先面临的挑战，哪怕它们不是我们今天面临的挑战。

我们的祖先确实物资匮乏。父母和长辈可能在我们小时候，就把他们的焦虑传递给了我们。他们的恐惧就这样变成了我们的恐惧。

许多病人都会问我一个问题：他们想知道我是怎么活得这么久，因为他们担心我的时间不多了。这个问题的核心就是恐惧。它和许多人对食物、注意力和金钱的担心是一样的：如果不够怎么办？然而，生活在这种恐惧中只会让病人更忧虑。

如果我们真的想挖掘生命力，我们的目标必须是扭转乾坤。我们需要问自己：我有哪些充足的资源？我可以腾出什么？我可以为目标付出什么？这些问题可能让人感觉是老生常谈。回答这些问题甚至可能让人精疲力竭。但是，当我们把能量看成一种投资时，一些新事物就变得可能了。把能量当作一个账户，看到一个空账户，不要只想知道发生了什么，而要问自己：嗯，我最近往账户里存了什么？

很多人都听说过这样一个观点：当我们付出爱时，我们会获得更多回报。一些人甚至在子女和孙子小时候也这样对他们说过。然而，就像大多数为儿童设计的东西一样，我们很容易忘记，同样的原则也适用于我们这些成年人。因为生命力、爱和能量基本上可互换，这三者对我们的效用一样。

当我们开始明白在哪里以及如何投入我们的能量时，我们的生命力就会起作用。

什么值得你投入能量

不要害怕我们会耗尽能量,这有助于我们审视爱在哪里自由流动。

这意味着我们必须关注我们最热爱的东西——那些让我们感觉良好并帮助成长的东西。然后,我们可以让这种爱给予我们力量。

就在几个月前,我被允许查阅信件档案,那些是在印度时父母写给印度教会领袖的信件。其中包含近五十年的工作月度报告,解释了我父母的治疗对象及治疗原因,详细说明了钱款的确切去向,并恭敬地要求教会下发更多资助款项。经过几年努力,1916年,我父母在今北阿坎德邦成功开设了一家妇女医院,这也是当地第一家妇女医院。在此之前,妇女只能在野外营地接受医疗护理,因为当地医院不对女性开放。我父母经营这家医院近四年时,收到传教士的一封信。信中说由于经济困难,无法资助父母的医疗救助行为,要求我父母必须做出选择:要么停止野外营地医疗工作,要么关闭妇女医院。

接下来的故事是我的童年记忆。我母亲曾告诉我,她和父亲已经进入山区，走向白雪皑皑的山峰，只有一头骡子和一个小男孩来运送补给物资，这个小男孩专门照看骡子。家里的孩子由保姆阿亚和另一个传教士照顾整整一个月。当母亲告诉我这个故事时，我以为我和其他孩子一起被落在家里了。但是我现在才意识到，根据这些信件的日期来推理，父母进山之旅发生在母亲怀我早期。

那时，父亲和母亲应该已经知晓怀孕的事，毕竟他们都是医生，而母亲之前已经怀孕三次。他们当然也知道与喜马拉雅山有关的危险。无疑，父母已经很累了，母亲很可能感到身体不适，就像其他妇女在怀孕初期那样要经历孕吐等。当时，父母还有很多事要操心，包括妇女医院的潜在损失和即将面临的危险。然而，父母还是走了，带着我一起悄悄退回到大自然中，努力做出他们不得不做出的最艰难的决定之一。

我父母喜欢冒险，喜欢未知的世界。他们喜欢喜马拉雅山，这就是他们在做出决定时所投入的能量。当然，对许多人来说，现在不是喜马拉雅山徒步旅行的恰当时机——对大多数背景普通的人而言，任何时候都不是喜马拉雅山徒步旅行的恰当时机！但对我父母而言，这个方式可以最大程度上帮助他们找到做出决定的力量。父母在离开住所一个月后，从喜马拉雅山回来，做出了决定——他们将继续进行野外营地工作，关掉妇女医院。

我父母过着狂野、不可思议的生活，他们从未停下来，不保留一丝能量，而是把所有能量投入心中所爱。

秘诀 6　疯狂地投入能量

在当时的环境下，我母亲很少关心其他女性认为重要的那些事，母亲很注意自己的衣着和仪表，穿衣打扮总是很体面，但她对打字机色带的重视远超任何发带。母亲也一直保持幽默，直到去世。就在母亲弥留之际，她摔了一跤，我们赶紧把母亲送到医院。当她躺在轮床上痛苦地扭动身躯时，她仍然想开个玩笑，让我们振作起来。母亲笑着对我和父亲说道："那匹灰色老母马已经不是以前的样子了。"母亲可以做到这一点，是因为她明白了一个道理：只要她还有能量，就应该投入给她带来快乐的事情。母亲看到我们俩低头对着她笑时，觉得一切都值得。

把能量投入热爱的事情上很重要，这帮助我们面对生活，接受正在等待我们的能量。但这并不意味着我们应该在所有的时间里投入一切能量。我们每个人都必须找到适合自己的节奏，并随着节奏的改变来调整自己。

生命的流动基于节奏。森林有一个节奏：树木烧成灰烬，然后重新生长。身体也有一个节奏：我们呱呱坠地，学习一系列经验，再长眠于地下。农业也有一个节奏：我们耕耘土地、播种、照料、收获，然后让土地休养生息。古老的经文常提到，我们要拥抱这些自然节奏的精神本质，例如《创世记》中编造的七天休息日。除了你自己，没有人可以决定你的节奏。就像我母亲一样，在怀孕初期跋山涉水；就像我一样，在一百零二岁时享受生活；你也有属于自己的节奏。

休息是生活节奏不可或缺的一部分。身体发育最快的阶段是婴儿期和青春期，这也是我们最需要睡眠的阶段。许多植物在夜间生长最快。

休息往往也是治疗的重要环节。我曾建议许多正在分娩的妇女在宫缩间隙放松和休息。这样做可以让宫缩更有效，并为继续分娩提供力量。从这个角度看，就很容易理解休息是如何给我们提供能量的。

即使休息随着时间的推移而改变，情况也是如此，这就是自然规律。我们当中的许多人随着年龄的增长，睡眠逐渐减少。人们经常称之为"睡眠困难"，但我在给它贴上标签之前，宁愿问问他们睡眠减少是不是"麻烦"。有些人确实在与失眠做斗争，有许多医学方法可以解决失眠问题。但其他人只是遵循自然的睡眠规律，在这种情况下，睡眠减少不一定是个问题。

就我个人而言，我不认为睡眠减少是一个问题。我常常发现自己晚上睡不着。我没有因为睡不着而焦虑，而是有效地利用这段时间专注于给我带来快乐、幸福的事情。我努力面对挑战，认真仔细地列出目标和计划，让自己游荡于记忆的小路上，回忆过去所有可爱的人和美好的瞬间。这不是睡眠时间的损失，如果我想要睡觉，我的身体就进入睡眠状态。相反，这是一种休息，让我恢复能量，以便投入接下来的生活。

当我进入睡眠，我会做壮观的梦。随着年龄的增长，梦境变得更加美丽，我在梦中的情绪也更强烈。我在床上就能游览新的世界，获得新的领悟。即使我进入了梦境，我也很活跃，全身充满活力，这是我的身体想要休息的自然方式。

真正的休息是一种行动，它应该是做某些事，而不是什么都不做。在休息时，我们要对身体有亲切、温柔和全新的思考。我们要滋养自己，享受慢下来的节奏，完全活在当下。

它与懒惰相去甚远。在我看来，懒惰是我们对集体隐瞒我们的生命力，是退缩，是拒绝重新融合、给予，这会耗尽我们的能量。休息的目的恰恰相反，一旦我们休养生息，我们会有意识地将能量投入重要的事情。我们会提醒自己朝着积极美好的方向前进，这也有助于我们把最好的带给别人。真正的休息是尊重我们的身体和灵魂，这也是我们的使命。以休息的方式重新让自己变得年轻，能让我们给予生活"全部"。

奉献我们的"全部"，可能会让我们更恐惧，因为许多人担心自己的能量不够。然而，正是在这样的时刻，奇迹才会发生。就像天使在我们最需要的时候出现一样，当我们感觉自己快要耗尽能量时，它又会回到我们身边。

不要惧怕能量耗尽

在20世纪30年代晚期,贝尔姑妈从印度搭便车回家。她穿梭于中东、亚洲和欧洲,最终找到了一条船,到达了美国东海岸。我父亲的另一个姐姐,也就是意志坚定、思虑周全的玛丽姑妈,开车到纽约来接贝尔姑妈。玛丽姑妈估计已经受够了贝尔姑妈的恶作剧,只想送她回家。贝尔姑妈把剩下的衣服送人后,抱着一小捆衣服来到码头,她衣着凌乱,几乎让玛丽姑妈认不出她了。

玛丽姑妈把贝尔姑妈带回家,给她梳洗打扮,还给她买了适合她的衣服。但在见面的整个过程中,贝尔姑妈拒绝顺从,就像她惯常那样。可怜又气急败坏的玛丽姑妈一筹莫展。她试图帮贝尔姑妈为孤儿院筹集资金,但贝尔姑妈就是不能像玛丽姑妈希望的那样给上流社会成员留下深刻的印象。当然,贝尔姑妈可以带领大家祈祷,探讨信仰,解释孤儿院的人们正在为孤儿做的重要工作,但她的行为并不像"得体的女士",让玛丽姑妈的朋友感到不适应。

有一天,贝尔姑妈出去了几个小时,回来时穿了一双破旧的鞋子,但穿着新袜子。玛丽姑妈摆摆手疑惑地问:"贝尔,你做了什么？我刚给你买的新鞋呢？到底发生了什么？"贝尔姑妈笑了笑，说："噢，这双鞋我穿正合适。我交了一个新朋友，她需要那双新鞋。她流浪在街上，日子过得很艰难。并且我们的脚也差不多大。"

"贝尔，你和她交换了鞋子？但是这双鞋子都是破洞，你不可能穿着这双旧鞋熬过冬天。你怎么去买新鞋呢？"几分钟后，玛丽姑妈带着她再次出门买新鞋，就像贝尔姑妈预料的那样。

在我们家，每个人讲述这个故事时都会大笑，包括玛丽姑妈。它是我们家族故事不可或缺的一部分。我们认为这不过是展示贝尔姑妈怎样生活的又一个例子：她坚信，无论她以开放的心态付出什么，她都会得到回报。当我们了解自己的能量如何与世界其他地方的能量互动时，我们可以获得魔力。贝尔姑妈激励我们去铭记这一点，这是我们都爱她的部分原因。有时候，我们必须付出一切才能获得回报，只有当我们这样做的时候，生活才开始给我们回馈能量。就好像宇宙中更大的"银行"在问："你真的需要这笔贷款吗？"当我们回答"是"时，我们的愿望就实现了。

这并不能免除我们自己在这件事上的责任。贝尔姑妈穿着有破洞的旧鞋子也能活得很好，并且她愿意这么做。这就是承担适度风险的意义。但是某些风险对美好生活来说是必要的。如果我们不愿意拿能量去冒险，我们就会开始自我保护。我们将与自己的野性脱节。最后，无论我们多么小心，我们都会冒着风险，在恐惧中失去一切。

那么如何才能知道该冒哪些风险呢？什么时候值得投入我们的能量——当我们希望这是一项给我们带来更多回报的投资时？

这些问题的答案往往是个人化的，因为它们与每个人的灵魂息息相关。我们永远不知道哪些悲剧或奇迹会降临在我们身上。我们每个人在生活中都会经历不可思议的事件，每件事都是我们灵魂旅程的一部分。这就是为什么我在本书中引导你了解自己是谁，你来这里做什么。这样你就可以接触自己内心的医生，回答自己的许多问题。

与此同时，我确实对此事有一点建议。有些事几乎不值得任何人投入能量。我希望在这一点上，我已经说得很清楚。哀叹过去、顾影自怜和助长消极情绪没什么用——只有当它们帮助我们改变现在和未来时才有用。我的另外五个秘诀也可以帮助你认清这一点。

另一方面，能给你带来活力的事情值得你投入能量。我哥哥卡尔热爱他在国际卫生领域的工作。他九十多岁时还在继续讲课，当时他身上还有折磨他的肿瘤。卡尔的最后一次演讲是在 2010 年去世前四天。

至关重要的是，了解你的生命在哪里流动、在哪里受阻，并知道把你的能量投入哪里。如果感觉有什么东西停滞不前，把你的能量投入正在流动的事物，而不要投入让你难过和停滞不前的事物。

爱永远值得你投入能量，一直如此。了解你爱什么、你爱谁、你如何去爱。爱是生命力的无尽源泉，爱永远在你身边。

秘诀6 疯狂地投入能量

好的社区也值得你投入能量。当我的姐姐玛格丽特意识到自己将在一个退休社区中度过生命的最后几年时,她感到很失望,但后来她决定充分利用这个社区。玛格丽特在新的环境中找到了乐趣,她怀着积极的心态欢迎随之而来的社区。最后,玛格丽特躺在床上唱歌,声称阿亚在她身边。

在一切事物中寻找教训,也能引导我们的能量。在八十年的行医生涯中,我所看到的是,最了解这一点的病人是遭受痛苦最少的病人,我的一个患者朋友波比·伍尔夫(不要与我的儿媳妇混淆,她也叫波比)就是一个典型的例子。

几十年前当我遇到波比时,她还只是一个蹒跚学步的孩子。她不幸掉进了一桶热焦油中,被紧急送往医院。急诊室的医生挽救了小波比的生命,但她失去了一个肾,另一个肾也失去了大部分。波比童年早期的大部分时间是在医院度过的,她四分之一的肾脏要与透析机相连。波比接受治疗后,最终能在家里过周末,然后工作日全天在学校上课,但她不得不戴上一个特殊装置,让她的排尿管滴在最大的护垫上。波比的病情让她很少接触其他孩子,所以她很难交到朋友。波比一次又一次地收到来自医学界的信息——她不要指望过上正常人的生活。

幸好,波比并不相信。

波比在高中时成了一名运动员。那时弯曲的脊柱弥补了肾脏一侧的空隙,但让她出现了脊柱侧凸。不管怎样,波比还是参加了许多运动。波比与各队的女孩来往,慢慢地突破了交不到朋友的难题,也不再为此感到耻辱。波比与朋友们分享了自己的信念:她的与众不同,不是什么值得嘲笑的谈资,相反证明了她充满奇迹的生命力。

波比早期的挣扎让她成为一个非常自信的人。波比很早就知道什么值得她投入能量,什么又不值得。她很少关注其他人对她的言论,也不关注医学界对她的评价。相反,波比将毕生能量投入探索自身的可能性,把爱给了朋友和儿子。

恢复脊柱的苏珊也不再关注大多数人的想法,别人的想法并不能帮助她的脊柱痊愈,但她自己的想法可以帮助她。这让她对自己的直觉深信不疑。晚年,苏珊从教职岗位上退休很久之后,将自己的生命力致力于改变校园暴力。苏珊在生活中继续寻找活力,不断把爱投入给她带来价值的事情。当苏珊去世时,她还把身体捐献给科学界,这样科学家就可以研究其体内发生的奇迹。

这些例子中的每一个女性,都通过自己的苦难确认了哪些东西对她独特的灵魂有意义。波比和苏珊在这个方面疯狂地投入了能量。作为回报,她们也被赠予丰富多彩、不可思议的生活。

理解什么值得投入能量,因人而异,因时而异。学会倾听自己内心的声音,是在任何特定时刻辨别如何以及在哪里投入生命力的关键,而这需要我们在生活中去经历、去理解。我们注定要与自己的生活互动。我们的生活很简单:我们必须去尝试,去失败,直到成功。

事实是，我无法准确告诉你什么值得你投入能量，但你的生活可以告诉你答案。

当我们以这种方式生活时，每一刻都成为回答重要问题的机会。我应该将多少能量投入这件事？我应该给那件事投入多少能量？我们发现自己越来越能够对无关紧要的事情说"没关系，那不重要"，就像我母亲多年前教我和兄弟姐妹的那样。过程本身就很美，它给我们带来了活力。

当我们这样练习时，我们不可避免地会遇到一些正在消耗生命力的事情和想法。在某些情况下，这些问题很容易解决，我们只需要在生活中淡化这些元素，再继续前行。但是，当我们发现有些活动、地方甚至人在消耗我们的生命力，而我们不能或不想将这些元素从生活中消除时，我们能做什么呢？我们怎样才能找到一种方法来改变我们与想要保留的元素之间的关系，而不完全抛弃它们呢？

哺育积极能量

正如我与你分享的许多真理，这一切都归结于观点。

当我试图向病人解释我们如何投入能量时，他们当中的许多人立即选择了相反的理解，并开始考虑如何保存他们的能量。这完全没有抓住要点。他们的这种想法是基于一种消极的观点。许多人都习惯了这种消极的观点，他们甚至没有意识到他们在隐藏它——但是我知道，因为我看到了一切，我是说一切都是积极的。

这意味着，在我们辨别的过程中，当我们发现某件事、某个地方或某个人正在消耗我们的能量时，我们不一定需要将其从我们的生活中剔除。相反，我们需要有意识地为其提供不同类型的能量。我们需要掌握主动权，决定如何将这种互动从消极转变为积极。

渡过离婚难关可能是我经历的最艰难的事情。在我决定"要快乐"之后的很长一段时间里，我一直努力把正能量放在已发生的事情上。当然，我可以积极地面对余生，我可以对所有我还不理解的事情心存感激，但是要积极地看待离婚，我确实感到很困难。

在那段时间里，从物理意义来看，比尔和他的新婚妻子基本上没有出现在我的生活中。我们很少见面。然而在情感和精神上,他们是我生活的一部分。我很早就意识到,如果我一直想着比尔的新婚妻子,我会能量内耗,并且我不欠她任何东西。我放开了她,就像落花对流水一样,不起波澜。我不希望她生病,但我也没有在她身上耗费一丝能量。这个决定让我有很多能量去做其他事情。

但我不想让比尔离开我的生活。在我们结婚那天,我承诺永远爱他,这个承诺并没有随着我们的婚姻结束而终止。

我原谅了比尔跟我离婚的决定。然而,我可以看到自己对比尔还是有消极情绪,我可以看到自己因此变得不那么有活力和生气。

还没离婚时,我和比尔每天早晨一起去诊所。大多数傍晚,当我坐在诊所门口看日落时,比尔都和我在一起,橙色和粉色的晚霞映衬着仙人掌的轮廓。可悲的是,那时和我在一起的比尔,甚至都不是我认识的比尔。我努力与世界和平相处,为我必须学习的每一件事感到快乐,但我还没有让伤害消失。离婚耗尽了我的能量,无论我多么努力让自己充满能量,但能量一次又一次从我的身体里流走。婚姻草草结束的方式,还有随之而来的心碎,是我对婚姻的记忆,一想到这一点,我就感到崩溃。

随后,我又从离婚中得到了另一个教训。在我七十九岁生日的晚上,我做了一个梦。

梦中,所有的家人齐聚一堂,围坐在家里的大橡木桌旁边,我们在这里度过了大部分育儿时光。我们所有的孩子都在这里,比尔也在。我妈妈也在,她走到我跟前,吻了吻我的脸颊,温柔地说:"告诉比尔,他现在必须走了。"

我转身面对比尔,对他说:"你必须离开了。"

比尔站起来,跟我亲吻着告别,然后走向了大门口。这时我才意识到,比尔拿着一百条银色的绳子,它们全部绑在我身上。我发现自己被拉了起来,违心地跟着他。我挣扎着但无法逃脱。

幸好,全家人也站了起来,我看到他们每个人都拿着剪刀。

家人一个接一个地切断绳索,直到我摆脱它们的束缚。比尔毫不在意,好像他不知道绳索的存在,继续走出门外,沿着车道钻进汽车,很快便开车走了。

当我睁眼醒来,我明白这些绳子象征着消极,并不代表我和比尔之间的联系。

在随后的几年里,我对曾经与我结为连理的比尔心怀纯粹的爱。我如自己所愿地给了他生命力。每当回忆起我们的婚姻,我都会感受到爱。我会想起我们一起度过的美好时光,孩子说过的奇闻趣事,共同事业中的胜利和惊喜。与此同时,我不再对离开我的比尔给予生命力,因为那是一个我几乎不认识的人。我把能量放在起作用的事情上,拒绝对不起作用的事情付出能量。我有意识地把能量投入比尔身上,但我投入的是滋养我生命力的正能量,而不是耗尽我生命力的负能量。

今天,当我谈起比尔时,我记忆最深刻的是那份爱。

秘诀 6　疯狂地投入能量

当你察觉到自己在如何投入能量上的微妙变化时，我建议你也这样做。如果某项活动的某一部分你不喜欢，但你想在自己的生活中保留这项活动，那你就调整给这一部分的能量。如果你不喜欢某个人的某些方面，但你想让这个人留在你的生活中，那就改变你与这个人的关系——无论是在你的互动中，还是在你自己的思想、心灵中。找到你自己喜欢的东西，全力以赴，给它最好的一切，在那里投入你的生命力。

有许多方法可以做到这一点。一位亲爱的朋友，多年来有幸拥有一个大院子，可后来自己住在一个小公寓里。起初，住在公寓里让她感到不安，她很怀念有一个可以照料的花园。她怀念从窗口向邻居的院子望去的情景，而现在看到的是一片砖块和混凝土的海洋，这让她烦恼。于是，她买了一盆室内植物，随后又买了一盆。她在阳台上搭建了一个小种植园，种上了圣女果。她把有空间的地方放了绿植盆栽，这样她目光所及便是绿色，她也开始喜欢自己的新家了，就像她喜欢另一个家一样。

我的一个病人埃里克在新冠疫情后，重新审视职业生涯，事实证明他喜欢居家办公，不想再回到办公室。但是埃里克的经理不这么认为，居家办公取消后，埃里克也不得不回到办公室朝九晚五地工作。从财务角度看，埃里克无法离开自己的工作，所以他问自己最喜欢在家办公的哪些方面。埃里克开始意识到他喜欢与邻居建立关系，在日常生活中与他们互动，他也喜欢花更多的时间与狗狗在一起。埃里克非常不喜欢办公室的晨会,他觉得晨会枯燥无聊又没意义。

埃里克向他的经理解释了这一点,他们一起组织了一些午餐研讨会,方便不同部门的同事在工作之余进行交流。他们形成的社交联系让他们在办公室偶遇时更有意义,也激发了更活跃的晨会。埃里克发现,当他把能量放在与同事联系上时,会议就不那么无聊了,他不是坐等会议结束,而是开始满心期待会议内容。最重要的是,经理同意埃里克每周带狗狗上班几天,这给办公室的每个人都带来了快乐和喜悦。

这些例子提醒我们,想快乐,需要改变的往往不是外在的东西。更多的时候,是内在注意力的转移让我们获得自由。

关注你的热情

当某个东西吸引了你的负面注意力时，你面临一个选择：是逃离那个人、地方、想法或活动，还是坚持关注下去呢？如果你选择坚持关注下去，接下来唯一要做的事情就是关注这个东西积极的一面，并哺育这种积极能量。去关注那些重要的东西。不要坐在那里消极地对抗你的生活，相反，尽你最大努力好好生活。

在我和巴里相遇的几年前，他被诊断为慢性疲劳综合征。那时他七十多岁了，刚做祖父。慢性疲劳综合征通常来自潜伏的病毒，如EB病毒。但是很多人的体内都有这些病毒，并且没有受到长期病痛的折磨，不知何故，他们的能量导向不同。这就是为什么当我治疗这些疾病时，我不仅关注病原体，还关注患者如何以及在哪里引导自身的能量。

在我的办公室里，巴里低沉地坐在椅子上。我觉得，他比七十多岁的人苍老——不是生理上，尽管他的大部分头发都是白的，皮肤也比我想象的要松弛一些。

巴里向我描述了他的症状。虽然他睡得多，但他的精力似乎没有恢复。巴里发现自己更多的时候是坐在客厅的躺椅上，看白天的新闻。与此同时，巴里的妻子继续做他们过去一起做的所有事，比如打理花园，和朋友们参加每周的桥牌游戏。巴里解释说："她比三十年前行动缓慢了一些，但她仍然在行动。我的意思是，她走的是一条我绝对不会走的路。她早上起来就行动，做这个，做那个，给她的朋友打电话聊天。我就在想，这就是'黄金岁月'吗？我不得不怀疑：我就是老了吗？"他说这些话时，眼睛睁得大大的，好像他突然觉得向一个比他大二十岁的人提这些问题很难为情。

我注意到巴里是如何走进房间的：脚步无力而拖沓，驼背，没有丝毫活力与生气。巴里身上肯定发生了什么事。仿佛他的生命力绕过了他，生活在他周围发生，但他没有融入其中，这不仅仅是因为他错过了桥牌游戏。

我疑惑地问道："那么，你如何投入你的能量？"

巴里哼了一声，他的脸有点扭曲。"什么能量？"他干巴巴地问。但随后他笑着问："实际上，你说的投入是什么意思？医生说我应该休息。"

"嗯，是的，但是当你不休息的时候，你喜欢你所做的事吗？你喜欢你花时间的方式吗？你投入精力的事情会给你带来能量吗？"

"我从来没有这样想过，"他回答，双手在腿上揉搓着，"我以为我应该保存能量。"他看起来很紧张，也很不自在。

就像我对许多病人一样，我开始询问他的童年。我想了解他如何看待生活，为什么他这么担心自己的能量会消耗。

巴里告诉我，他的母亲一直努力规避风险。虽然今天他明白她一直生活在焦虑之中，也不怪她，但他的童年和我儿子卡尔的小朋友没有什么不同，只能在外面戴手套玩。巴里的母亲会对他大喊大叫，让他不要爬得太高，而且他很少被允许独自出门，甚至连前院也不能去。巴里告诉我一个特别深刻的记忆：妈妈告诉他，不要在他们住的小巷里骑自行车，因为妈妈担心他会被车撞。此后不久，他就不再骑自行车了。当其他男孩骑着自行车在镇上转悠的时候，他大部分时间都待在家里。

"不过，我喜欢一个人待着，"巴里微笑着解释道，表情似乎很真诚，"我只是不喜欢落后的感觉。回想起来，我可能渴望探索。"

作为一个青少年，巴里与其他孩子在一起的时间变多了。虽然巴里也喜欢这样，但他发现自己容易模仿朋友做事情，好像没有主见。一个朋友是篮球队的，所以巴里也加入了篮球队。另一个朋友上了某所大学，所以巴里也上了那所大学。

巴里说："我想，我很难知道自己真正喜欢什么，格莱迪斯博士，我知道其他人喜欢什么，我也知道我应该喜欢什么，但我不知道我究竟喜欢什么。另外，我不想让任何人失望，特别是我的妻子。"

巴里和我一致认为，他需要找到答案，哪怕这让他的妻子感到失望。

我们开始讨论他如何改变对投入能量的看法，而不是试图保存能量。巴里立即注意到，看新闻对他没益处，所以他开始利用坐在椅子上的时间来写生活中的故事。当巴里写完他能记起的所有故事后，他就开始创作新的故事，想象如果他探索更多，他可能会去什么地方，以及他在那里可能会做什么。巴里喜欢把这些故事大声读给成年的子女和年幼的孙辈听。

因为巴里已经退休，他打算休息几个月，独自进入树林里的小木屋，或者去海滩度假。巴里到国内以前没有见过的地方旅行，甚至预订国际旅行。最终，巴里的妻子厌倦了独自照料院子，他们共同决定缩小院子规模，这样他在旅行时，妻子就可以照顾一个较小的花园。

大概一年后，巴里再次来见我，分享了他现在容光焕发、活力满满的缘由。在一个人的旅行中，他又开始骑自行车，这是六十多年来第一次骑自行车。巴里很喜欢写作和完善自己的作品。他仍然比四十岁时有更多休息时光，但他不再感到疲惫。相反，巴里的生活过得很充实，他正在利用休息时间来为接下来的日子做准备。

此外，巴里兴奋地谈到，自己的妻子现在也更幸福快乐了。在巴里坐在椅子上的那些年里，妻子承担了很多共同责任。虽然她也对日常生活感到厌倦，但她对他们的小房子和花园很满意。她喜欢有自己的时间。令她感到欣慰的是，她并没有把生命力耗费在让巴里快乐上，因为巴里终于承担起这个责任了。他们的婚姻正在经历一次小小的复兴，巴里解释说，甚至他们的孩子也注意到他们两个人看起来都更有活力了。

在七十多岁的时候,巴里开始把能量投入给自己带来快乐和价值的事情。一旦他这样做了,他发现自己精神饱满,全身洋溢着生机与活力。巴里又爱上了生活,感觉身体也越来越好。然而,巴里再也没有回去玩桥牌。事实证明,巴里对桥牌没有一点兴致。在妻子带她姐姐一起玩桥牌的时候,巴里就在阳光下骑自行车。

如果你正在努力寻找能量来应对生活的挑战,效仿巴里或许有用,你也要问自己是否真的想做这些事情。这些事会给你带来快乐吗?这些事是让你精神内耗,还是让你容光焕发?这些事能否激发你的爱,给你能量,让你融入周围的人群,帮你好好生活?如果这些问题不容易回答,那就想想我的其他五个幸福秘诀。让这些秘诀帮助你识别体内流动的生命力,然后再回到这些问题上,看看自己的答案是否有什么变化。

一旦你这样做了,是时候开始做选择了。你想做什么?你想如何着手做这件事?你还想做什么,探索、学习或发现?

效仿巴里也可能打乱你的日常生活,你要试着寻找生活的节奏并跟随它。你可能会注意到,在生活中做出一些小改变,会给你带来新的支持性力量,让你认识到你是自己能量的来源,你的行动和人际关系会激发你的生命力。寻找你可能持有的关于规避风险或没有足够资金的错误想法。这些想法对你有用吗?视角转变如何帮助你调整想法?

当我们这样做时，我们会融入周围的真实世界。我们意识到太阳每天清晨升起，并不担心太阳是否会耗尽能量，因为它知道自己是能量的源头，永远不会消逝。只要有生命，世界就有能量。如果我们也想拥有能量，就把能量投入重要的事情。

自助练习：拥抱你的生活

1. 在你的生活中，思考你把能量投入哪些活动、人物和地方。是什么在消耗你的能量？什么地方值得你投入能量又能带来回报？

2. 然后，试着脱离你的思维模式一会儿。试着去感受。把你的思绪放在生活中那些相同的活动、人物和地方上，但这次不是去思考它们，而是用心感受它们。你的能量是自由流动，还是退缩收回？你觉得生命力是增加了还是减弱了？这很微妙，但是这本书汇总的其他练习，可以让你回答这些问题。你最深刻的认知会告诉你什么呢？

3. 基于你在第二步中的感受，有意识地选择一个能给你更多能量的活动、人物或地方。你怎样邀请更多这样的人进入你的生活？你能更频繁地参与那个活动，或在那个地方待更长时间吗？找到一个你可以做出的小改变，并朝它迈进。

4. 再次回到第二步，想想那些耗尽你能量的人物、地方和活动。寻找至少一件你可以完全停止做的事，就像巴里停止打桥牌一样。从选择一些简单的小事开始。你最深刻的认知会指引你。怎样才能放弃这一切呢？你能带着感激和爱去做吗？

5. 然后，想想那些正在消耗你的能量但你不想或不能释怀的事。你如何改变利用生命力的方式？你能改变对那个人的看法吗？你能调整在那个地方消磨时间的方式吗？或者你能改变投入那个活动中的能量类型吗？

6. 一旦你考虑了这些事，你甚至可能会做一些笔记，张开双臂，想象自己拥抱生活的力量。感受生命的无限能量从你内心和指尖流出。拥抱你生活中的一切快乐和悲伤、挑战和收获、胜利和惊喜，为你获得生命中的珍贵礼物而欢欣鼓舞。你可以在清晨或睡前练习这一招，让自己拥抱周围的顺遂和波折。

结语 —— 一切都刚刚好

1960 年初的某一天下午，我和比尔参加了一个关于丈夫指导分娩的讲座。这个讲座在当时的医学界几乎是革命性的，我很高兴能与其他医生和从业者一起站在授权分娩实践的前沿，将分娩重新交到妇女及其伴侣和执业医生手中。当时我怀孕 38 周，这是我的第六个孩子。我已经很幸运地在没有任何干预的情况下在家里生下了我的五个孩子，我也打算让子宫里的第六个孩子居家顺产。

我深情地低头看着肚子里的孩子，就在那时，我意识到情况有些不对劲。

我本能地把手放在肚子上，感受孩子小小的身体在我体内产生的涌动。我的双手通过帮助数百名孕妇得到了锻炼，我立刻证实了疑虑。我的孩子再过几周就要头朝下出来了，此刻却稳稳地坐着。我感觉到他的小脑袋在我的胸腔周围，与他本应该在的位置恰好相反。

我以前多次帮其他孕妇翻转胎儿，但通常不会这么晚，我也从来没有翻转自己的胎儿。我知道许多臀位胎儿出生时都很健康。同时，我知道胎儿的位置必然会使分娩复杂化。我想让我的孩子转过身来，而且要快。由于讲师一直在讲，我很快就解决了这个问题，以免我的担心变成警报。我做了在产前翻转胎儿时一直在做的事：我开始和他说话。

"现在，听我说，小家伙。"我在内心深处与我的孩子交流着。我把一只手轻轻地放在他的头上，另一只手放在他的屁股上。"再过几周你就要出生了。这对你和我来说都会有点困难，但我知道我们可以做到这一点，而且最后会很美好。但要做到这一点，你必须翻身。当宫缩来临时，你需要头朝下，转个方向。"

同时，我也在自言自语。母亲格莱迪斯很担心，但医生格莱迪斯知道得更多。"别担心。没有什么可担心的。正在发生的就让它发生，如果它现在就发生，那么时机刚刚好。"

恐惧告诉我们为时已晚。恐惧告诉我们，我们做得不够，看得不够，学得不够，赚得不够。恐惧告诉我们，我们落后于我们应达到的水平，其他人领先于我们，或者我们已经没有时间了。但是爱有它自己的时间。生命有它自己的时间。这个时机值得尊重。

我们在生命中最重要的时刻看到了时间的力量。我们在出生时看到了它。我们在死亡和悲痛中看到了它。我们在疗愈中看到了它。

结语

我希望，你能把我与你分享的经验带进生活。你可能对我分享的某一个秘诀更感兴趣。当你在生活中导航时，你可能想看看每一个秘诀是如何改变视角的。在这个过程中，你可能会遇到一些基于恐惧的常见问题：这样做是否太晚了？我来晚了吗？

考虑到我的年龄，最近还有一个总让我感到好笑的问题：我太老了吗？

我们活得越久，回首人生时，这个问题就越幽默。

一年多以前，我聪明又可爱的曾孙女玛吉·梅刚满五岁。她想办一个公主生日派对，用彩带和气球装饰家里，她告诉家里每个人需要做什么来帮助她庆祝，给每个人一个特殊的任务或角色。玛吉的父亲要打扫房子，她两岁的弟弟必须从学前班回到家里，她的祖母要照顾她新出生的弟弟，她的母亲要烘烤和装饰蛋糕。打开礼物后，大家一起陪玛吉吃美丽的蛋糕。她无比快乐、精心安排的一天即将结束时，眼神变得悲伤起来。家人问玛吉怎么了，她回答："现在我已经五岁了，我四岁的所有日子都结束了。现在我必须长大了。"

玛吉非常认真地对待自己的成长。第二天早上吃早餐时，玛吉的父亲把烤面包的果酱递给她，她说："我很荣幸接受爸爸的慷慨帮助。"没有人教她这句话，也没有人指导她说这句话，她开始适应刚长大一岁的自己。

我想，我们当中的许多人都这样看待生命和衰老。每过一年，号角就会吹响，宣告玩乐的终结。该长大了，该认真了。也许我们到某个年龄或生命的某个阶段时，觉得自己已经停止成长，受过的伤无法痊愈，或者永远不会改变。有趣的是，青春似乎总是从我们身边悄悄溜走。就连玛吉也认为自己太老了！然而，我们永远不会停止成长。治愈受伤的心灵也皆有可能。我们也有很多做出改变的好时机。

这就是为什么当病人担心他们太老并来找我时，我挥手让他们不要这么想。"没有人太老。"我说。我想在我这个年纪，我有权利这么说。

总体而言，作为人类，我们都会有年龄焦虑。我们意识到，我们最终都会死亡，所以从这个角度来看，每一天都是向死亡迈出的一步。但随着时间的推移，我们开始意识到，认为某人"太老"而不能做某事的想法非常荒谬可笑，就像可爱的玛吉严肃地承认五岁是时候长大了。

你还记得你第一次意识到自己的年龄吗？对大多数人来说，那是很久之前的事了。你还记得你第一次认为自己"太老"而不能学习乐器，或不能回到学校读书，或不能改变职业，或不能改变关系吗？

回首过去，你曾觉得自己"太老"吗？

如果没有，那现在你怎么能确定自己"太老"呢？

在照料孕妇和参与孕妇分娩的过程中，我听到很多孕妇说自己太老，无法成为母亲。我在医学院的同事就是这样一名女性。她流产五次后，在四十多岁时再次怀孕，生下一个九斤的男宝宝。我看到了太多这样的例子，我不再认为这些是奇迹。事实上，有一个家族传说：我的一个太奶奶在六十岁时生了一个孩子，另一个太奶奶在六十二岁时生孩子！我把这一切归功于另一个世界的秘密。

针对什么年龄生孩子的问题，并不是说每个女人过了特定年龄就会生小孩或者根本不能生小孩。这不是我们可以掌控的秘密，我们不能控制这类事件发生，我们可以带着希望和感激的心态来面对它们，看看接下来会发生什么。

让神秘事件成为可能的部分原因是，我们知道世上存在很多未知的事，我们相信有比我们更伟大的存在无法解释。随着年龄的增长，保持对世界的好奇心，很重要。我们的好奇心让我们保持年轻。我们的灵魂受益于我们坚持这种想法——我们不知道接下来会发生什么。

如果我转变"太老"的想法，我想知道会发生什么。不要认为我们没有做想做的事是在浪费时间，如果我们认为实际上一直都在做这件事呢？

我喜欢开玩笑说，我一直告诉上帝我的日程，但上帝不听。上帝不理解我的时间，就像我不理解上帝的时间一样。

这是时间的运作方式。

我面诊过许多孕妇，她们指着自己肿胀的脚踝和大肚子，向我要求道:"我现在就想把孩子生出来!"我的回答一向简单:"当时机成熟,一切都准备就绪,我保证,孩子自然会出来。"

事实上,尽管有时很有必要在时机尚未成熟时,提前把孩子生出来,但这通常会损害孩子的最佳利益。即使我们不知道会发生什么,但重要的事正在孩子身上发生。

在当今世界,我们专注于表现。我们最感兴趣的是某样东西产生的时刻——我们出版了一本书,我们买下了一套房,我们获得了一个奖。

但这只是事情的一个方面。在宇宙深层充满能量的地下,终将表现出来的东西正在孕育之中,这世上不存在横空出世。我们在积累经验以便写入书中,我们在努力工作以便攒钱买房,我们在学习和做事以便争取荣誉奖项。

我把这个过程称为酝酿。这是发生在女性子宫里的事,也发生在我们一生的生命力中。我们在积蓄、准备和学习。面对生活,在很大程度上是接受万事万物的酝酿,哪怕我们不了解它。

有时候我们很好,也准备好了,但是某人或某事甚至世界本身都在酝酿中,准备接受我们不得不提供的东西。

当贝尔姑妈最终永远离开印度后,她去一个教堂做礼拜,并在那里遇到一个名叫埃德的牧师,他刚刚成为鳏夫。我认为贝尔姑妈甚至没有考虑过结婚的事,她已经过了所谓的"黄金"年龄,并且从未对男人表现出多大兴趣。但是贝尔姑妈和埃德相爱了,一个月后，他们举办了一场欢乐的婚礼。贝尔姑妈和埃德一起开启了人生的新篇章。

如果他们早点相遇，埃德就还在已婚状态。如果贝尔姑妈年轻一些，她可能没有兴趣在纽约市边缘定居下来。在他们相遇的前一年，他们都忙于自己的事业。尽管相遇很不寻常，但现在相遇的时机简直太完美了。

有人告诉我，在热带地区，这个时机被称为椰子时间，即椰子瓜熟蒂落之时。我们不知道椰子什么时候会掉落下来，但我们肯定会花费大量精力去寻找答案。有时候椰子掉了，我们不知道为什么花了这么长时间。这不关我们的事，把追寻答案变成我们的事业没有意义。生活还在继续，能否继续下去取决于我们自己。

我父亲曾经给我们讲过一个故事，它很好地证明了这一点。一天，父亲和家族朋友哈里·迪安被派去杀鳄鱼。每隔一段时间，父亲和哈里叔叔就被要求杀鳄鱼，我们称之为"食人鱼"。这些鳄鱼的寿命很长了，行动缓慢得不能像往常一样狩猎。鳄鱼已经尝到了人类的味道，发现人类是容易追捕的美味猎物。它们会潜伏在村庄附近，有时会逐一杀害整家人。哈里叔叔和我父亲是出了名地勇敢，而且枪法好，所以他们得知鳄鱼的行踪后，会尽快人道地捕杀鳄鱼。

嗯，后来，我父亲和哈里叔叔找到并杀死了鳄鱼，接着开始处理鳄鱼的尸体，以便充分利用这条鳄鱼。在鳄鱼的胃里，他们发现了成堆的珠宝首饰。这令人既震惊又宽慰，因为这意味着他们捕对了鳄鱼，这样看来，这只鳄鱼至少吃掉了一位富裕的女士。他们在鳄鱼的胃中搜寻时，又发现了别的惊喜：一只乌龟。由于被鳄鱼胃里的酸性物质覆盖，这只乌龟变得惨白。我父亲和哈里叔叔对这一景象感到惊叹不已。

随后更令人震惊的事发生了：这只乌龟开始移动，它慢慢地把头从壳里伸出来，站起来，蹒跚而去。

我父亲在我们小时候反复给我们讲这个故事。我们喜欢听这个故事，父亲发誓这是一个真实的故事。父亲会说："从乌龟的角度想象一下，乌龟肯定不会预见自己被拯救！当事情看起来不妙，并且你很想放弃时，想一想那只被拯救的乌龟，再坚持一下。"

作为孩子，我们学会了坚持。当我经历人生中最艰难的时刻时，我经常想起那只乌龟，我感觉那时候就像在鳄鱼的肚子里一样黑暗。当我无法理解时机问题时，我也想到了那只乌龟。万事万物都需要酝酿的时间，这不是我们所能理解的。

治愈身心也一样，需要时间。通常情况下，时间是治愈发生的秘密良药。

有时候，当我们希望事情快点发生时，事情在悄悄酝酿之中。如果我们不那么执着于让一切都快点发生，我们会更容易接受静待花开的过程。

理解了这一点，就看到了一种新的可能性，这是一种我们以前从未考虑过的可能性。如果事情花的时间越长，结果越好呢？那意味着什么？如果我们不去追逐青春和失去的时间，而是拥抱自然老去的过程，把重心放在我们的生活上，让生活变得越来越好，会怎么样？

考虑一下这个激进的想法：与我们崇尚青春的文化相反，随着年龄的增长，我们实际上可以变得更好。我们确实也如此！

从这个角度来看，年龄增长不再是为了弥补失去或欠缺的能力，而是为了靠近我们应该成为的样子。过去的每一年都让我们更加接近目标。

当我九十三岁找到自己的声音时，我又有机会感悟这一点。

我梦见我还是个孩子，在一个星期天偷偷地去唱非宗教歌曲。这在我家里会被看不起，所以我担心自己因此惹上麻烦。但后来，耶稣本人出现了，笑着鼓励我无论如何都要继续唱下去。我猛然惊醒了。

那时，我已经当了几十年的医生和领导。我也是一位母亲、祖母和曾祖母。我运用自己的声音已经有一段时间了。我面诊病人，在会议上发言，还给孩子唱摇篮曲。然而，我还没有学会相信自己的声音。关于什么是真实，我还没有学会相信自己的直觉：在这种情况下，如果带着喜悦的心情唱歌，总是一件美事！在这个星球上生活了九十多年，我仍然怀疑自己获取的资源是否足够优质，或者我是否有足够的能力来表达。

如果我没有做那个梦，没有找到我的声音，也许我今天不会给你们写下这本书。这就是我走到这一步所花的时间。

我父亲肯定不知道，他生命中的最后几年会如何度过。在我母亲去世后，起初我们都很担心父亲将如何度过余生。毕竟父亲和母亲在一起多年，他们的关系早已超越了婚姻关系，他们是同事、朋友和知己。他们过着不同寻常的生活，这可能让父亲很难与走传统道路的人联结。我不希望父亲感到孤独。

接下来，我父亲做了一件让我们所有人都吃惊的事。父亲先和我姐夫的母亲成为朋友，我们都喊她丹尼尔斯妈妈，后来他突然宣布要和她结婚了。我们都为这件事感到开心。我的侄子是医学院的毕业生，他为我父亲的再婚感到开心。侄子必须得到教授的许可才能请假参加我父亲的婚礼，当他向教授请假时，教授回答："嗯，你认为到时候了吗？"

我父母在一起的那些年里，有很多幸福快乐的时光，但也有很繁忙的工作。毫不夸张地说，他们是在一起执行医疗任务。丹尼尔斯妈妈的第一次婚姻关系也是这样：坚固、安全和可靠。但是当我父亲和丹尼尔斯妈妈结婚后，他们决定过一种截然不同的婚姻生活。他们仍然是伴侣，但他们把重心放在乐趣上，生活不涉及任何艰苦的工作。他们两人都觉得一生中从未真正享乐。在父亲生命的最后两年里，丹尼尔斯妈妈织被子，父亲下象棋，其乐融融，他们专注于让自己开心快乐的事。

当我父亲知道自己快不行时，他告诉丹尼尔斯妈妈，他想和我母亲葬在一起，丹尼尔斯妈妈能理解。很快他们坐飞机前往亚利桑那州，直接去了医院，父亲一直在那里待到去世。父亲弥留之际，丹尼尔斯妈妈为他唱了赞美诗，而他用口型附和。那天在开车回家的路上，丹尼尔斯妈妈和我谈到了哈利路亚，那是每个人在天堂歌唱的欢颂词。我们惊叹于丹尼尔斯妈妈的善良，她把我父亲交给我母亲，而母亲会在另一个世界欢迎他。在与母亲有过漫长而幸福的婚姻之后，我父亲与丹尼尔斯妈妈在一起的那几年让他最后的人生锦上添花。

我很高兴地告诉你，我最近几年的生活多姿多彩。我的家庭壮大了，我开始更了解自己了，而我的生活还没有结束。事实上，我每天早上醒来都会想："好吧，我们今天会学到什么呢？"

学习帮助我们达到下一个目标，而达到下一个目标又让我们充满活力。

不断追求下一个目标的方法之一，是制订一个十年计划。为什么是十年计划呢？好吧，如果我们纵观整个人生，简直有太多可能性了。同样，如果计划的时间跨度太小，我们会感到无能为力，好像我们什么都做不成。你现在就可以这样做。这很简单：拿出纸和笔，写下你未来十年想做的事。

一个十年计划可以涵盖你想做的一切。十年计划确保你有时间来酝酿一切。这是一个很长的时间跨度，它能激活我们的生命力。然而，十年计划又恰好靠近我们可以实现的目标。让我们拭去身上的尘土，重新规划人生吧。

我目前的十年计划包括实现我长期以来的一个梦想。自 20 世纪 70 年代以来，我一直想建立一个生活医学村，大家可以寓居于此，健康充实地活着。生活医学村不仅仅是一个医疗中心，还将是一个真正的社区，将成为我们的庇护所，我们可以在此休养生息。在生活医学村里，居民不会与生活抗争，而是热爱生活。在我的这个村子里，我们将一起探索生命。

在你制订自己的十年计划时，我鼓励你设定明确的目标，同时给神秘的天意预留足够的空间。因为我们永远不知道，什么时候事情会突然改变，什么时候一些顽固的东西会让位于新生事物。

我们永远不知道，我们什么时候会发现自己已经治愈，我们什么时候会得到宽恕的祝福，或者我们的梦想什么时候会突破重围，在我们面前慢慢展现。

我们可以确定的是，有些事正在发生，而我们是其中不可或缺的一部分。

回到关于丈夫指导分娩的讲座上，我继续默默地劝告我的孩子，双手搂着肚子，比尔静静地坐在我旁边，他不知道发生了什么。当时机成熟，我开始轻轻地给孩子的屁股施压，在整个过程中，我一直在指导孩子。

"听好了，宝贝，我可以指导你，但我一个人做不到。你必须马上移动，把小屁股和头换个方向，是时候面对生活了！"

突然，我感觉孩子在我的手掌下移动了。就在瞬间，孩子在我的子宫里翻了个身，像鱼儿跳水一样。半秒钟后，孩子稳定下来，头朝下，屁股朝上。我的身体适应了孩子的新姿势，我向后靠了靠，抿嘴微笑。

两周后，那个孩子和我一起努力。在充满爱的家庭氛围中，我欢迎儿子大卫来到这个奇妙美好的世界。

我真诚地希望，当你阅读我的文字时，它们可以在你心中产生共鸣——或者如果现在没有，未来的某一天也会。这些是我在一百零二年里学到的最重要的经验。我把这些当作礼物赠予你们，希望你们高兴地接受它们。

就像我指导儿子翻身一样，我也想通过这些文字来引导你面对生活。这是一个持续的过程，是一个我们必须反复接受的实践。在这个过程中，我们被要求彻底但温柔地颠覆我们的认知，认为生活在我们之中而不是我们在生活中。

也许你与生活的联系不够紧密。也许你正苦苦挣扎于现实中。也许你像我们大多数人一样，介于两者之间，游走于高潮和低谷之间，想让它们都有意义。不管是哪种情况，现在面对你内在的生命力还不算太晚。

不管你是从来不知道，还是已经忘记了，我保证生活就在那里，在你的身体和灵魂中跳跃，静待你的亲临。

致谢

在写这本书的最后阶段，我做了一个梦。

我参与了一场晚会，我将获得一个荣誉。每个人都坐在圆桌旁边，有些人在台上颁奖。我坐的桌子靠近后排。台上的人向大家介绍了我，并喊我上台领奖。当每个人都转过头看着我，并开始热烈鼓掌时，我站了起来。

就在那一刻，我意识到我穿着一条长裙，背后的纽扣从脖子一直延伸到腰部。也是在那一刻，我意识到那长排的纽扣被解开了。

我震惊地愣在原地。我怎样才能在众目睽睽之下带着松开的纽扣走上舞台？我够不着背后的扣子，而且即使我够得着，也要花很长时间才能扣上。每个人都在看着我，等着我走上舞台领取奖项。

然而，信仰在召唤我，希望也在召唤我。某种深刻而真实的东西，某种超越自我的东西，迫使我无论如何都要开始向前走，我照做了。

当我从桌子前走出来，我惊讶地感觉到有人在我身后去扣最底下的扣子。

我又往前走了几步，感觉到有人在帮我扣上一个扣子。

我继续向前走，屋里的人都在为我鼓掌，我经过的每一个人都在我身后帮我扣仍松开的扣子。最后我来到舞台边缘，裙子后背的扣子都扣上了。我如释重负，心怀感激。我知道我可以做接下来要做的事：缓缓轻踏台阶，坚定地来到舞台中央，接住荣耀，微笑着发表获奖感言。

但是就像梦境告诉我的那样，有些事我一个人做不到，也许没有人能独自做到。也许我们最成功的工作是在合作中完成的，是在与他人的联结中完成的。至少，我的生活确实是这样的。这样不是很好吗？

我要向每一个为我扣好扣子、帮我完成这本书的人，逐一表示最深切的感谢。正是通过他们，我才能将这种理解呈现给世界。只有在他们的帮助下，这本书才可以问世。

感谢我的母亲贝丝·泰勒博士和父亲约翰·泰勒博士，他们不仅教会了我无条件的爱，也教会了我无条件的爱在医学中的神圣作用。

我很感激能与三个好兄弟约翰、卡尔、戈登，以及我亲爱的姐姐玛格丽特一起长大，玛格丽特一直是我最亲密的朋友，直到她去世。感谢世界上最好的阿亚，还有她的丈夫达尔，他用倒置的盘子在火上给我们所有人烤生日蛋糕,教我从一开始就爱上了咖喱。感谢村民、孩子们,以及所有在野外营地帮忙的人,他们向我展示了简单淳朴的生活也可以是一种美好。我很感激贝尔姑妈,她提醒我学会坚持信念。我还要感谢哈里叔叔,我一直钦佩他的冒险精神。我还要感谢麦格基小姐,她教会我阅读,甚至在我的青少年时期一直鼓励我。谢谢他们帮我度过了美好的童年,让我拥有了一个美好的人生。

感谢我大学时期最好的朋友雅德维加·库什纳,她唱起歌来就像天使一样。感谢我那来自法国的室友雅克·尚瓦勒博士,她的人生观让我不再感到孤独。我非常感谢我的姑姑洛乌、克拉拉、莉迪亚,以及辛辛那提的西尔一家,在我和玛格丽特远离父母读大学期间,他们给了我巨大的支持。我还要感谢艾伯特和路易丝·耶佩夫妇,没有他们,我永远也不会遇到比尔,他们由于我的婚姻成为我的好叔叔和好婶婶。

我永远感谢凯恩夫人,她是继阿亚之后我所认识的最好的家庭帮手,当时我们住在纽约市韦尔斯维尔,凯恩给了我很多家庭方面的帮助,她的德国式家务管理、面包烘烤技术和严格的育儿观,让我们安然度过了最忙碌的几年。我要感谢兄嫂约翰和厄玛·麦克格雷,他们成了我的好朋友。感谢我的侄子约翰·波·麦克格雷,他在职业上一直给予我支持。感谢我的另一对兄嫂鲍勃和杰恩·麦克格雷,当我需要他们的时候,他们总是在我身边。我还要感谢我在韦尔斯维尔的同事——比尔医生和伊迪斯·吉尔摩医生，他们在我最艰难的时刻支持我。

在我们搬到亚利桑那州之后，莱斯特和比利·巴布科克成了老朋友，他们把我介绍给艾加·基斯。我过去和现在都非常感激艾加·基斯，他的教诲对我的哲学观影响深远。我可以自豪地说，他的儿子休·林恩成了我的挚友，对此我也很感激。我很欣赏查尔斯·托马斯·凯西和凯文·托德斯奇让休·林恩的作品保持生机和活力的方式。感谢彼得和爱丽丝·里德尔，他们在那些年里成了我们大家庭的一员。我不得不说，所有年复一年参加我的研究与启蒙协会的人，也成为我一生的挚友。我要感谢诺曼·希利博士、埃瓦茨·卢米斯博士和杰拉尔德·卢尼博士，在加利福尼亚州赫米特的某个周末，他们与比尔和我一起成立了美国整体医学协会，还感谢十几年来通过该协会来往的那些了不起的人。我要对帮助建立、协调、参与超心理学和医学学会的所有人表示感谢。我不可能一一列举各位的名字，但我想对众多不可思议的医生表示感谢，谢谢他们的加入让我们的整体医学成为典范。他们知道他们是谁。

研究与启蒙协会能够触及无数人的生活，许多人前来学习，离开时与全世界分享他们所学到的东西。对于无数来到研究与启蒙协会的医生、技术人员、护士、治疗师、员工、病人、志愿者和经济支持者，我深表由衷的感谢。

感谢我的哥哥卡尔及其组织"未来的一代"，是他们让我能从事国际工作。对世界各地多年来感动过我、教导过我、塑造过我、爱护过我的人，我再次表示感谢。

我忠心耿耿的志愿秘书格雷斯·佩奇，陪我工作了四十年，她坚定不移地致力于实现我的理想，我向离世的她致敬。

那些致力于创建斯科茨代尔整体医疗集团的人，特别是乔治·安德烈斯、雷尼·西蒙和乔·卡利什，使该组织在两周内得以建立和运行，以及我的女儿海伦至今仍是这个神奇康复之家的核心和灵魂，我无法用言语来表达我的感激之情。我永远感激在那里工作或去过那里的所有人。

感谢那些参与创建贝丝·泰勒基金会的人，该基金会后来成为格莱迪斯·泰勒·麦克格雷医学基金会，今天被称为生命医学基金会。感谢那些曾经在这个美妙组织的董事会工作过的人，不胜枚举，尤其是波比·伍尔夫、杰尔姆·兰多、弗恩·韦尔什、芭芭拉·海涅曼和罗丝·温特斯，没有他们的领导，基金会就不会成为今天这个令人难以置信的组织。

对于那些用音乐才华祝福我们的人，我鞠躬致敬，尤其是乔伊丝·布克、史蒂夫·哈尔彭和史蒂夫·麦卡蒂。

感谢那些始终不忘初心，在情感、实践、精神和经济上支持我的人，特别是安·麦库姆斯、黛安娜·舒马赫、玛丽·安·韦斯和弗朗西丝·特斯纳，没有他们，我不可能取得今天的成就。感谢凯蒂·豪泽博士，她帮助我通过Instagram（照片墙）向他人传递信息；

感谢约翰·马歇尔，他几十年来一直热心地为我提供按摩服务。感谢所有向我学习，并将所学传播到更广阔的世界的从业者，没有他们的努力，我的成就将微不足道。

我年复一年地参加了无数次会议，其中包括格罗夫会议和研究与启蒙协会临床研讨会、超心理学和医学学会会议、阿西洛马会议、治疗接触护士小组会议，我在这些会议上都学到了很多东西。我祈祷其他人也这样做。

感谢我在斯科茨代尔和其他地方的许多朋友，我非常珍惜他们的爱：曼托西·德芙吉、多丽丝·索尔布里格、丽塔·达文波特、詹姆斯·麦克里迪、米米、古奈里、马琳·萨默斯、琳达·兰多、林赛·瓦格纳和黛安娜·拉德。对于我没有提到的其他人，也谢谢他们。

我非常珍惜与比尔·麦克格雷博士的婚姻，一分钟也不后悔。我为我们在一起的岁月深表感激，也为分手后我所获得的自由深表感激。我们在一起的时光在我的生命中很重要，在许多人的生命中也是如此，我们完全融入了更大的整体。

这个更大的整体包括我们创建的家庭。在一百零二岁生日的第二天早上，我醒来后听到孩子在楼下，心想："我是不是已经死了，去了天堂？"但我想我还活着，这些七十多岁的好孩子确实是我的。我感谢我的六个孩子及其伴侣：威廉·卡尔博士和蒂蒂·麦克格雷，约翰博士和波比·麦克格雷博士，安娜蕾·麦克格雷，罗伯特·麦克格雷，利亚·纳尔森逊，海伦·韦克斯勒博士和尼克·利吉达基斯，以及大卫博士和李·麦克格雷博士。感谢我所有的孙辈：加布里埃尔·泰勒、朱莉娅·麦克格雷、蒂莫西·麦克格雷、约翰·麦克格雷、玛莎·麦克格雷博士、丹尼尔·韦克斯勒博士、安德鲁·韦克斯勒博士、汉娜·拉比诺维奇博士、杰茜卡·麦克格雷和大卫·麦克格雷。我每天都在向十二个曾孙（还在继续增加）以及已经到来的最新的曾曾孙学习。

如果不是我的经纪人道格拉斯·艾布拉姆斯从一开始就相信我，这本书就不会诞生。我向他、雷切尔·诺伊曼、萨拉·拉伊诺内和 Idea Architects 的其他所有人表示感谢。我很感谢珍妮弗·陈·特伦，她为我的书在 Atria 找到归宿发挥了关键作用。我也很感谢埃斯米·施瓦尔·韦甘德，她的早期访谈和草稿帮助我明确了写作方向。感谢我在 Atria Books 的编辑米歇尔·赫雷拉·马利根，她给了我一个机会，改变了我的写作风格，让我的作品更加完美。感谢萨拉·赖特的精彩文字和林恩·安德森对细节的关注。还要感谢我的儿子约翰，是他安排了这一切。感谢凯瑟琳·钱迪卡·利德尔，她首先看到了我的灵魂，能够理解我的文字，然后把这些文字写下来。

感谢我生命中的所有挑战，它们是我的老师；感谢所有美妙的时刻，它们给了我面对挑战的勇气。我相信未来还有更多的美好时刻接踵而至。

有关作者

格莱迪斯·麦克格雷医学博士出生于1920年，是国际公认的整体医学之母。作为美国整体医学协会的创始会员和前任主席，她有超过七十年的家庭看诊实践，在此期间，她孜孜不倦地倡导整体医学、自然分娩和医患合作。格莱迪斯还是精神心理学和医学学会的共同创始人，也是第一批在美国频繁使用针灸的西医之一。格莱迪斯博士也是居家分娩的早期倡导者，她创新了自然分娩，包括于1978年创立面包车计划，该计划为居家分娩提供了一辆装备齐全的辅助医疗和紧急运输车辆，并推动亚利桑那州医院系统欢迎伴侣进入产房。

1970年，在亚利桑那州斯科茨代尔，格莱迪斯博士联合创立了研究与启蒙协会，率先将对抗疗法与整体医疗实践相结合，为承认替代和整体医疗模式的文化转变奠定了基础。她还联合创立了斯科茨代尔整体医疗集团。格莱迪斯博士的工作通过生命医学基金会继续进行，该基金会是一家非营利组织，致力于通过科学研究和教育推广整体医学知识及应用。

格莱迪斯博士在亚利桑那州斯科茨代尔生活和工作，最近成为一位高祖母。她目前遵循良好的生活作息，保持健康的饮食习惯，每天步行 3800 步。她骑着一辆名为"红鸟"的三轮车，时不时还会享用一块美味的蛋糕。